**第8改訂版**

# 段ボール包装
# 技術入門

五十嵐 清一 著

# 2024年／第8改訂版の発刊に当たって

　本書発刊の趣旨は、初めて段ボール産業に携わる方を対象に、箱が完成するまでの各工程をわかりやすく解説し、段ボールの品質を保証する試験方法について述べるとともに、ユーザーの方が段ボール箱に商品を入れ封緘するまでの基本的システム体系について紹介してきたが、今回は今後への実践的な成果を期待して第8回目の改訂版を発刊することにした。

　今回の改訂の趣旨は、段ボール箱の製造の中で大きな成果を上げている部分でも、さらなる製造技術の向上により生産性や品質の向上の成果が図られ、ひいては利益の恩恵を高める結果につながることになると考え、そのポイントを示してみた。

　例えば、段ボール製造における糊使用量の削減だとか、印刷に使用するインキの標準色の使用比率を高めることなど今まで見逃しがちであったことに、もう一度目を向けてみる必要性を挙げた。

　また物流の改革により、完成されたラックビルの創設が進むものと予想されるが、それに伴い段ボールの軽量化が進むに違いないと思われるが、さらに今後の展開いかんによって段ボール包装はどんな対応が必要になるであろうか。

　これら直近の課題として取り組むべきものと、近未来に開発が期待されている段ボール印刷の印版の問題解決があり、現在の印版方式は癌的症状ともいえるので、発想の転換により無印版印刷方式が開発され製箱工程が一変できるのを待ちたい。

　本書がそんな問題を解決する基本的一助になれば幸甚である。

五十嵐 清一

# 段ボール包装技術入門

## ●目次●

発刊に当たって

**第1章 段ボールの原材料** ……………………………………… 1

1 紙 (Paper) の起源と変遷 ……………………………… 1
2 紙の定義と種類 ……………………………………… 2
  2.1 紙の定義 ………………………………………… 2
  2.2 紙の種類 ………………………………………… 2
    2.2.1 和紙と洋紙 …………………………………… 2
    2.2.2 薄紙と板紙 …………………………………… 3
3 紙の原料としての森林資源 ……………………………… 4
  3.1 地球上の森林資源 ……………………………… 4
  3.2 わが国の森林資源 ……………………………… 5
4 樹 木 ………………………………………………… 5
  4.1 針葉樹の細胞の構造 …………………………… 7
  4.2 広葉樹の細胞の構造 …………………………… 8
  4.3 木材の化学成分 ………………………………… 8
5 パルプ ………………………………………………… 10
  5.1 化学パルプ ……………………………………… 11
    5.1.1 クラフトパルプ ……………………………… 11
    5.1.2 セミケミカルパルプ ………………………… 13
    5.1.3 古紙パルプ …………………………………… 15
    5.1.4 原紙1トンを作るのに必要な木材の量 …………… 16
    5.1.5 木箱1つから何個の段ボール箱が作れるか？ …………… 16

| 6 | 原紙の抄造 | 17 |
| | 6.1 原紙の抄造方法 | 17 |
| | 6.1.1 湿　部 | 17 |
| | 6.1.2 乾　部 | 20 |
| | 6.2 原紙の繊維配向性 | 21 |
| 7 | 段ボール用原紙 | 23 |
| | 7.1 ライナ | 24 |
| | 7.1.1 外装用ライナ | 24 |
| | 7.1.2 内装用ライナ | 25 |
| | 7.1.3 ライナとしての必要特性 | 25 |
| | 7.2 中しん | 27 |
| | 7.2.1 SCP中しん | 28 |
| | 7.2.2 特しん | 28 |
| | 7.2.3 中しんとしての必要特性 | 28 |
| | 7.3 段ボール用原紙の物性 | 29 |
| | 7.3.1 破裂強さ | 30 |
| | 7.3.2 圧縮強さ（リングクラッシュ強さ） | 30 |
| | 7.3.3 平面圧縮強さ | 31 |
| | 7.3.4 裂断長 | 32 |
| | 7.3.5 含水分 | 33 |
| | 7.3.6 従来単位からSI単位への換算 | 34 |

## 第2章　段ボール … 35

| 1 | 段ボールの開発とその変遷 | 35 |
| 2 | 段ボールの定義と段の種類 | 36 |
| | 2.1 段ボールの定義 | 36 |
| | 2.2 段（Flute）の種類 | 36 |
| | 2.2.1 Aフルート | 37 |
| | 2.2.2 Bフルート | 37 |

| | 2.2.3 | Cフルート ・・・・・・・・・・・・・・・・・・・・・・・・・・・・・・・・・・・・・・・ | 37 |
| --- | --- | --- | --- |
| | 2.2.4 | マイクロフルート ・・・・・・・・・・・・・・・・・・・・・・・・・・・・・・・・ | 38 |
| **3** | **段ボールの種類** ・・・・・・・・・・・・・・・・・・・・・・・・・・・・・・・・・・・・・ | | 39 |
| | **3.1** | **片面段ボール** ・・・・・・・・・・・・・・・・・・・・・・・・・・・・・・・・・・・ | 40 |
| | **3.2** | **両面段ボール** ・・・・・・・・・・・・・・・・・・・・・・・・・・・・・・・・・・・ | 40 |
| | **3.3** | **複両面段ボール** ・・・・・・・・・・・・・・・・・・・・・・・・・・・・・・・ | 41 |
| | **3.4** | **複々両面段ボール** ・・・・・・・・・・・・・・・・・・・・・・・・・・・・ | 41 |
| **4** | **段ボールの製造方法** ・・・・・・・・・・・・・・・・・・・・・・・・・・・・・・・ | | 42 |
| | **4.1** | **コルゲータ開発の経緯** ・・・・・・・・・・・・・・・・・・・・・・ | 42 |
| | **4.2** | **コルゲータ** ・・・・・・・・・・・・・・・・・・・・・・・・・・・・・・・・・・・・・ | 43 |
| | 4.2.1 | シングルフェーサ ・・・・・・・・・・・・・・・・・・・・・・・・・・・・・・ | 45 |
| | 4.2.2 | ダブルバッカ ・・・・・・・・・・・・・・・・・・・・・・・・・・・・・・・・ | 51 |
| | 4.2.3 | カッタ ・・・・・・・・・・・・・・・・・・・・・・・・・・・・・・・・・・・・・・・・・ | 58 |
| | 4.2.4 | スリッタースコアラの果たす役割 ・・・・・・・・・・・・・・ | 59 |
| **5** | **段ボールの接着** ・・・・・・・・・・・・・・・・・・・・・・・・・・・・・・・・・・・・ | | 60 |
| | **5.1** | **段ボール用接着剤の歴史** ・・・・・・・・・・・・・・・・・・・・ | 60 |
| | **5.2** | **澱 粉** ・・・・・・・・・・・・・・・・・・・・・・・・・・・・・・・・・・・・・・・・・・ | 62 |
| | 5.2.1 | 澱粉の種類 ・・・・・・・・・・・・・・・・・・・・・・・・・・・・・・・・・・・ | 63 |
| | 5.2.2 | 澱粉の構造 ・・・・・・・・・・・・・・・・・・・・・・・・・・・・・・・・・・・ | 63 |
| | **5.3** | **スタインホール方式** ・・・・・・・・・・・・・・・・・・・・・・・・・・ | 64 |
| | 5.3.1 | スタインホール方式の基本 ・・・・・・・・・・・・・・・・・・・・ | 65 |
| | **5.4** | **製糊装置** ・・・・・・・・・・・・・・・・・・・・・・・・・・・・・・・・・・・・・・ | 67 |
| | **5.5** | **段ボール接着のメカニズム** ・・・・・・・・・・・・・・・・・・・ | 68 |
| | **5.6** | **段ボール用接着剤としての必要条件** ・・・・・・・・・ | 70 |
| | 5.6.1 | 倍水率（濃度） ・・・・・・・・・・・・・・・・・・・・・・・・・・・・・・・・・ | 70 |
| | 5.6.2 | 粘 度 ・・・・・・・・・・・・・・・・・・・・・・・・・・・・・・・・・・・・・・・・・ | 70 |
| | 5.6.3 | 曳糸性 ・・・・・・・・・・・・・・・・・・・・・・・・・・・・・・・・・・・・・・・・ | 71 |
| | **5.7** | **段ボール接着の確認** ・・・・・・・・・・・・・・・・・・・・・・・・・・ | 71 |
| | 5.7.1 | ゲル化 ・・・・・・・・・・・・・・・・・・・・・・・・・・・・・・・・・・・・・・・・ | 71 |
| | 5.7.2 | ヨウ素呈色反応 ・・・・・・・・・・・・・・・・・・・・・・・・・・・・・・・ | 72 |

| 5.7.3 | 接着性の確認 | ………………………………………… | 73 |
|---|---|---|---|

**5.8　段ボール製造における接着技術を向上させるための一考察…** 74

| 5.8.1 | 糊の使用量を減少させる効果的な一考察 | ………… | 75 |
|---|---|---|---|

# 6　段ボールの基礎物性 ……………………………… 75

**6.1　厚　さ** ………………………………………………… 76

**6.2　接着強さ** …………………………………………… 77

**6.3　段成型** ……………………………………………… 79

**6.4　平面圧縮強さ** ……………………………………… 79

**6.5　垂直圧縮強さ** ……………………………………… 81

| 6.5.1 | 垂直圧縮強さ規格化の必要性 | ………… | 83 |
|---|---|---|---|

**6.6　破裂強さと計算式** ………………………………… 83

**6.7　含水分** ……………………………………………… 85

**6.8　従来単位からSI単位への換算** ………………… 87

# 第3章　段ボール箱 …………………………………… 89

# 1　段ボール箱の規格と包装設計の基本 …………… 89

# 2　段ボール箱とその特性 …………………………… 90

**2.1　段ボール箱の分類** ………………………………… 90

| 2.1.1 | 使用上からの分類 | …………………………… | 90 |
|---|---|---|---|
| 2.1.2 | 製造工程からの分類 | ………………………… | 91 |
| 2.1.3 | 内容物からの分類 | …………………………… | 92 |

# 3　段ボール箱及び附属類の形式 …………………… 92

**3.1　段ボール箱の形式** ………………………………… 94

| 3.1.1 | 02形 | 溝切り形 | ………………………… | 95 |
|---|---|---|---|---|
| 3.1.2 | 03形 | テレスコープ形 | ……………………… | 95 |
| 3.1.3 | 04形 | 組立て形 | ………………………… | 97 |
| 3.1.4 | 05形 | 差し込み形 | ……………………… | 97 |
| 3.1.5 | 06形 | ブリス形 | ………………………… | 98 |
| 3.1.6 | 07型 | のり付け簡易組立て形 | ………… | 99 |

|  | 3.2 | 附属類の形式 | 99 |
|---|---|---|---|
|  | 3.3 | コード番号の使い方 | 101 |
|  | | 3.3.1 02形箱の使用例 | 101 |
|  | | 3.3.2 03形箱と仕切り併用の使用例 | 101 |
| 4 | | 段ボール箱の製造方法 | 102 |
|  | 4.1 | 裁　断 | 104 |
|  | 4.2 | けい線 | 106 |
|  | | 4.2.1 けい割れ発生の原因とその対策法 | 109 |
|  | 4.3 | 印　刷 | 110 |
|  | | 4.3.1 印刷機の種類 | 110 |
|  | | 4.3.2 印刷インキ | 114 |
|  | | 4.3.3 印　版 | 117 |
|  | | 4.3.4 段ボールの表面状態 | 121 |
|  | 4.4 | 溝切り | 122 |
|  | 4.5 | 打抜き | 123 |
|  | | 4.5.1 トムソン | 124 |
|  | | 4.5.2 プラテンダイカッタ | 125 |
|  | | 4.5.3 ロータリーダイカッタ | 126 |
|  | 4.6 | 接　合 | 128 |
|  | | 4.6.1 平線止め | 129 |
|  | | 4.6.2 テープ貼り | 130 |
|  | | 4.6.3 糊貼り | 131 |
|  | | 4.6.4 接合法の比較 | 132 |
|  | | 4.6.5 箱の内のり寸法の測定 | 133 |
| 5 | | 段ボール箱の基礎物性 | 134 |
|  | 5.1 | 外　観 | 134 |
|  | 5.2 | 箱の物性 | 135 |
|  | | 5.2.1 接合強さ | 135 |
|  | | 5.2.2 箱圧縮強さ | 137 |
|  | | 5.2.3 従来単位からSI単位への換算 | 138 |

6　段ボール工場の環境整備・紙粉除去システム …………　138
　　6.1　段ボール工場で発生する紙粉とその除去システム ………　138


# 第4章　段ボール箱の圧縮強さ ……………………………　141

1　段ボール箱の圧縮強さ理論……………………………………　141
　　1.1　箱圧縮強さの評価 ……………………………………　143
　　1.2　箱圧縮強さと歪量 ……………………………………　144
　　1.3　0201形箱の圧縮試験における内フラップの影響 ………　146
　　1.3.1　圧縮試験中の内フラップの挙動 ………………………　146
　　1.3.2　内フラップの固定方法 ………………………………　148
2　段ボール箱の圧縮強さの計算式………………………………　149
　　2.1　0201形箱の計算式 ……………………………………　150
　　2.1.1　ケリカット式 …………………………………………　150
　　2.1.2　マルテンホルト式 ……………………………………　157
　　2.1.3　マッキー式 …………………………………………　158
　　2.1.4　ウルフ式 ……………………………………………　159
　　2.1.5　4式の計算と比較 ……………………………………　160
　　2.1.6　ケリカット式の簡易計算式 …………………………　161
3　0201形箱以外の形式の圧縮強さ計算式 ………………………　164
　　3.1　ラップ・ラウンド箱の計算式…………………………　165
　　3.2　ブリス・ボックスの計算式 …………………………　167
4　段ボール箱の圧縮強さに影響する構造的な諸要因 ……　169
　　4.1　箱の周辺長 ……………………………………………　170
　　4.2　箱の高さ ………………………………………………　171
　　4.3　箱のタテ・ヨコ比 ……………………………………　172


# 第5章　段ボール箱の品質設計 ……………………………　173

1　内容品の特性の確認 …………………………………………　173

| 1.1 | 内容品の特性の確認方法 | …………………………… | 173 |

    1.1.1　形状の確認　…………………………… 174

## 2　使用する段ボール・原紙の決定方法………………… 175

  **2.1　強い内容品の場合**　……………………… 175

  **2.2　弱い内容品の場合**　……………………… 177

    2.2.1　必要圧縮強さの求め方　………………… 177

    2.2.2　使用段ボール・原紙の決定方法………… 179

## 3　箱圧縮強度の安全係数　……………………… 181

  **3.1　箱圧縮強度の安全係数算定式**　………… 181

    3.1.1　貯蔵期間による劣化率………………… 182

    3.1.2　貯蔵中の環境条件による劣化率………… 183

    3.1.3　積載方法による劣化率………………… 186

    3.1.4　振動衝撃による劣化率………………… 189

    3.1.5　ハンドリングによる劣化率　…………… 192

    3.1.6　Gとは　……………………………… 194

    3.1.7　段ボール箱の製造工程で生じる強度劣化率 ………… 197

    3.1.8　安全計数の計算例　…………………… 200

## 4　物流バーコード　……………………………… 201

  **4.1　物流商品バーコードシンボルの種類**　…………… 201

    4.1.1　物流商品用バーコードの構成……………… 203

    4.1.2　物流バーコードシンボルの種類　………… 204

  **4.2　バーコード印刷上の留意点**　…………… 205

    4.2.1　フィルムマスタ…………………………… 206

    4.2.2　印版の適正化　………………………… 206

    4.2.3　バーコード印刷………………………… 206

    4.2.4　バーコード印刷の光学的特性と色の三属性　………… 209

## 第6章　段ボール箱の設計　……………………… 213

## 1　包装設計の手順　……………………………… 213

| 1.1 | 作図に用いる図記号 | …………………………… | 213 |
|---|---|---|---|
| 1.2 | 段ボール箱の包装設計の基本 | ……………… | 214 |
| 1.3 | 段ボール箱の包装設計 | …………………………………… | 216 |
| 1.3.1 | 0201形箱の包装設計 | ……………………………… | 216 |
| 1.3.2 | 0302形箱の包装設計 | ……………………………… | 218 |
| 1.3.3 | 0401形箱の包装設計 | ……………………………… | 219 |
| 1.3.4 | 0504形箱の包装設計 | ……………………………… | 220 |
| 1.3.5 | 0601形箱の包装設計 | ……………………………… | 221 |
| 1.3.6 | 0748形箱の包装設計 | ……………………………… | 222 |
| 1.3.7 | 09形の代表的な附属類の設計 | ……………… | 223 |
| 1.4 | 展示用段ボール包装の設計上の留意点 | …………… | 226 |
| 1.4.1 | 段ボール箱の切り口の良否 | ……………………… | 226 |
| 1.4.2 | ディスプレイボックス(0201形箱)の切断位置決定上の留意点 | … | 227 |
| 1.4.3 | 段ボールとプラスチックフィルムとの併用上の留意点 | … | 229 |
| 2 | 段ボール箱の内のり寸法の確認 | …………………………… | 231 |
| 3 | 物流と包装と包装試験 | ………………………… | 232 |
| 3.1 | 物的流通 | ………………………………………………… | 232 |
| 3.1.1 | 物的流通の中身 | ……………………………………… | 233 |
| 3.1.2 | 物的流通実態の把握 | ……………………………… | 234 |
| 3.1.3 | 輸送、荷役、保管条件のチェックポイントと適正包装 | … | 235 |
| 4 | 各種包装試験 | ………………………………………… | 237 |
| 4.1 | 包装試験の準備 | ………………………………… | 238 |
| 4.1.1 | 試験容器の記号方法 | ……………………………… | 238 |
| 4.1.2 | 試験の前処置 | ………………………………………… | 238 |
| 4.1.3 | 流通条件の区分 | ……………………………………… | 239 |
| 4.2 | 圧縮試験 | ………………………………………………… | 240 |
| 4.3 | 振動試験 | ………………………………………………… | 241 |
| 4.4 | 傾斜衝撃試験 | …………………………………………… | 244 |
| 4.5 | 落下試験 | ………………………………………………… | 246 |
| 4.5.1 | 自由落下試験装置 | …………………………………… | 247 |

|  |  |  |
|---|---|---|
| 4.5.2 | 衝撃試験装置 ・・・・・・・・・・・・・・・・・・・・・・・・・・・・・・・・・・・・ | 248 |
| 4.5.3 | 自由落下試験 ・・・・・・・・・・・・・・・・・・・・・・・・・・・・・・・・・・・・ | 249 |
| 4.5.4 | 衝撃落下試験 ・・・・・・・・・・・・・・・・・・・・・・・・・・・・・・・・・・・・ | 251 |
| 4.5.5 | 片支持りょう落下試験・・・・・・・・・・・・・・・・・・・・・・・・・・・・ | 252 |

## 第7章　段ボール包装システム ・・・・・・・・・・・・・・・・・・・・・ 255

| 1 | 包装システム ・・・・・・・・・・・・・・・・・・・・・・・・・・・・・・・・・・・・・・・・・・・ | 255 |
|---|---|---|
| 1.1 | 代表的な段ボール包装システム ・・・・・・・・・・・・・・・・・・・・ | 256 |
| 2 | 段ボール箱組立機 ・・・・・・・・・・・・・・・・・・・・・・・・・・・・・・・・・・・・ | 257 |
| 2.1 | 水平式ケース組立機 ・・・・・・・・・・・・・・・・・・・・・・・・・・・・・・ | 257 |
| 2.2 | 垂直式ケース組立機 ・・・・・・・・・・・・・・・・・・・・・・・・・・・・・・ | 258 |
| 2.3 | 完全自動包装機 ・・・・・・・・・・・・・・・・・・・・・・・・・・・・・・・・・・ | 259 |
| 2.4 | ラップ・ラウンド包装機 ・・・・・・・・・・・・・・・・・・・・・・・・・・ | 260 |
| 2.4.1 | 完全自動型ラップ・ラウンド包装機 ・・・・・・・・・・・・・・ | 261 |
| 2.4.2 | 半自動型ラップ・ラウンド包装機 ・・・・・・・・・・・・・・・・ | 262 |
| 3 | 段ボール箱の封緘 ・・・・・・・・・・・・・・・・・・・・・・・・・・・・・・・・・・・・ | 263 |
| 3.1 | 封緘材及び封緘機 ・・・・・・・・・・・・・・・・・・・・・・・・・・・・・・・ | 263 |
| 3.1.1 | ワイヤ封緘 ・・・・・・・・・・・・・・・・・・・・・・・・・・・・・・・・・・・・ | 263 |
| 3.1.2 | テープ封緘 ・・・・・・・・・・・・・・・・・・・・・・・・・・・・・・・・・・・・ | 266 |
| 3.1.3 | グルー封緘 ・・・・・・・・・・・・・・・・・・・・・・・・・・・・・・・・・・・・ | 269 |
| 4 | 封緘方法と封緘強さ ・・・・・・・・・・・・・・・・・・・・・・・・・・・・・・・・・・ | 274 |
| 4.1 | 封緘強さの測定方法 ・・・・・・・・・・・・・・・・・・・・・・・・・・・・・・ | 274 |
| 4.2 | 封緘方法とその強度比較 ・・・・・・・・・・・・・・・・・・・・・・・・・・ | 275 |
| 4.2.1 | 適正封緘強さの推進 ・・・・・・・・・・・・・・・・・・・・・・・・・・・・ | 276 |
| 4.3 | 封緘材の実用コスト計算法 ・・・・・・・・・・・・・・・・・・・・・・・・ | 276 |
| 5 | 封緘のシステム化 ・・・・・・・・・・・・・・・・・・・・・・・・・・・・・・・・・・・・ | 277 |
| 5.1 | 封緘システムの代表的パターン ・・・・・・・・・・・・・・・・・・・・ | 277 |
| 5.1.1 | ステープル封緘システム ・・・・・・・・・・・・・・・・・・・・・・・・ | 278 |
| 5.1.2 | テープ封緘システム・・・・・・・・・・・・・・・・・・・・・・・・・・・・ | 278 |

|   |   |   |
|---|---|---|
| 5.1.3 | グルー封緘システム | 279 |
| 5.2 | 封緘方法と封緘性能 | 280 |
| 6 | 段ボール包装システム導入におけるキーポイント | 282 |
| 6.1 | 段ボール箱の品質決定の基本 | 282 |
| 6.2 | 段ボール箱の寸法誤差 | 283 |
| 6.2.1 | JISの許容範囲 | 283 |
| 6.3 | メジャーの選定 | 284 |
| 6.4 | 寸法測定に必要な特殊測定治具 | 284 |
| 6.5 | けい線の果たす役割とその管理技法 | 285 |
| 6.5.1 | けい線強さ測定機 | 286 |
| 6.6 | 段ボール包装システム導入のキーポイント | 287 |
| 6.6.1 | 一般の包装費 | 287 |
| 6.6.2 | システム化による包装費 | 288 |
| 6.6.3 | システム化によるメリット分岐点 | 289 |
| 7 | ラックビル（立体自動倉庫）と段ボール包装の変化 | 291 |
| 7.1 | ラックビルとは | 291 |
| 7.2 | ラックビル創設に伴い予想される段ボール包装の変化 | 291 |
| 7.2.1 | 箱圧縮強さの安全係数の見直し | 292 |
| 7.2.2 | 印刷デザインの単純化 | 292 |
| あとがき | | 293 |
| 著者略歴 | | 295 |

# 第1章　段ボールの原材料

　段ボールの原材料は紙であるので、一般の紙について段ボール製造の見地からその特徴についてよく理解しておく必要があると考える。

## 1　紙（Paper）の起源と変遷

　紙は今から約4000年以上も前の西暦前2000年頃にエジプトのナイル河畔に繁茂していたパピルス（Papyrusu）という葦によく似た草を原料として作られたのが始まりといわれており、今日の英語のPaperの語源になっている。

　もちろん、当時の紙は現在のイメージとは大きく異なりパピルスの茎を単に縦横に交互に並べて作られた程度のものに過ぎなかったものと想像される。

　本格的に紙らしいものが作られたのは、西暦前120年頃中国の周王朝時代に楮、三椏、雁皮などを原料として作られ、その後西暦105年頃蔡倫によって手漉き法による抄紙技術が確立された。

　この技術が高句麗の僧、曇徴によって朝鮮半島を経てわが国に伝えられたのは、西暦610年頃、推古天皇の御代であったと伝えられている。

　その後、西暦1800年初旬にイギリスでフォードリニャーという2人の兄弟によって開発された長網抄紙機によって本格的に洋紙が工業的に生産出来るようになった。

　もちろん、当時の抄紙機の幅は1.35m、スピードは16.26m／分程度であったと伝えられているが、この発明によって今日の製紙産業の基盤が作られたといえる。

## 2 紙の定義と種類

### 2.1 紙の定義
　紙は「天然繊維その他の繊維を絡み合わせ、こう着させたもの」と定義される。

### 2.2 紙の種類
　紙は製紙技術およびその周辺技術の著しい改善により、いくつかの素材を用いた多くの紙が市販されている。紙の定義に基いて使用する素材別に大別すると、天然繊維以外の素材としていくつかあるが、それらの中で有望な素材としてはプラスチックがあり、とりわけポリエチレンを乳化重合法によって作った、いわゆる合成パルプは天然パルプに良く似た形状を再現した代表的なものであり、天然パルプと適当に混ぜ合わせて作ることができるので従来の紙の特性を変えることが出来るため、次のように大別される。

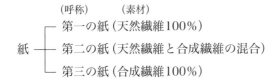

　しかし、これらの紙のうち現在使用されているのは第一の紙が99％以上を占めているので、以下に天然素材100％で作られた第一の紙に絞って述べる。

### 2.2.1 和紙と洋紙
　紙を製造技術的に区分すると、次のように分けられる。

## (1) 和　紙 (Japanese paper)

　和紙はほとんど紙を使わず、人手で紙を抄いて作られ、原料としては図1－1に示す楮、三椏、雁皮などの繊維にトロロ葵の根をこう着材として作られる。

図1－1　和紙の原料

こうぞ

みつまた

がんぴ

　このように和紙は天然素材のみで作られるので安定性がよく、歴史的にも大化の改新前後の筆記記録が今なお随所に保管されているのを見ると、千数百年の耐久性が実証されていることがわかる。

　しかし、その製造方法は極めて原始的であるために、あくまでも家内工業として発展して来たので、その規模の実態としては明治時代には2万軒以上もあったのに最近ではわずか500軒足らずに激減してしまったため、その活路を芸術的な用途に求めている。

## (2) 洋　紙 (Western paper)

　一方、洋紙は西洋から伝わった紙の製法の総称であり、機械を用いて工業的に作られ、原料としては木材と古紙を効率よく機械的、化学的に処理して作られる。

　現在使用されている紙のうち99％以上が洋紙であり、段ボール原紙も洋紙に属する。

## 2.2.2　薄紙と板紙

　洋紙をさらに分類すると、次のように大別される。

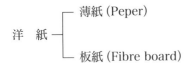

　この両者の区分については、国によって多少の差はあるが、わが国では坪量（g／㎡）と厚さ（㎜）により、次のように分けている。

　すなわち、「坪量が100ｇ／㎡以上であるか、厚さが0.3㎜以上であるか」いずれかがこの範疇に入れば板紙に属することになるので、段ボール原紙はライナも中しんも、いずれもこの範疇に入ることになる。以下に板紙としての段ボール原紙について詳述する。

## 3　紙の原料としての森林資源

　昔から自然は人類に多くの恵みをもたらしてくれたが、近時急激な人口の増加と生活水準の向上に伴い地球上の森林資源は極めて危険な状態になりつつある。

### 3.1　地球上の森林資源

　一体地球上には現在どれ位の森林資源があるか、国連の調査結果によると概略次のようになる。

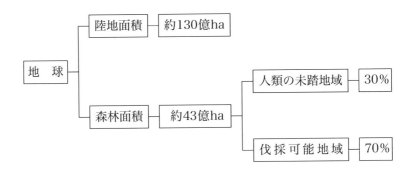

従って、われわれ人間が伐採可能な対象になる森林面積は約30億haであり、そこにある伐採出来る森林の量は約3270億㎥が対象とされている。

### 3.2　わが国の森林資源

わが国の森林資源の現状について、林野庁から発表されている実状は概略次の通りである。

これらのデータを総括してみると、全体的には良好な状態にあるといえるが、欧米諸国に比べると山岳地域が多いため山林育成コストが高くつき国際競争力に乏しいことと、林野行政からの人離れ傾向にあるので、人手不足による森林の荒廃状態が進んでいるのが実態といえる。

## 4　樹　木（Tree）

パルプと紙はいろいろな素材から製造することが出来るが、紙の原料として最も多様されているのは樹木である。

樹木は、一般に次のように分けることが出来る。

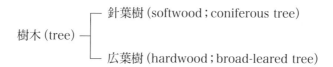

また、紙・パルプ産業ではいろいろな略語を使用するが、樹木別の表現方法として独語では次のように呼ぶことがある。

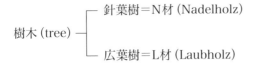

　また、植物学的には、次のように呼ばれる。

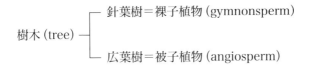

　樹木を切断したものを丸太 (log) というが、丸太は樹皮 (bark)、辺材 (sapwood)、心材 (heartwood) などから構成されているが、さらに丸太の横断面と縦断面を図1－2に示す。
　ある植物が紙の原料として適しているかどうかは、主としてその細胞 (cell) の形態によって決まるといわれている。
　細胞とは、植物を形成する中空の構造単位のことで、各細胞はすべて空孔をとり囲む細胞膜 (cell wall) から成る。
　植物の生長の初期には、細胞空孔は原形質を保っているが、細胞膜が充分に形成された直後には消えてしまい、繊維 (fiber) と呼ばれる中空の管状または糸巻き状の製紙に役立つ細胞が残る。
　この繊維が紙の中心的な役割を果たす重要な部分である。
　一般に、植物繊維の細胞膜は、主として純度の違ったセルロース (cellulose) からできている。
　このセルロースは、言うまでもなく紙の基本的な物質であるといえる。
　紙を製造する時、植物の繊維部分をパルプにする。

そして、化学作用によって隣接する細胞膜を保持している物質を溶解して取り除くか、あるいは物理的作用によって繊維 (fiber) を分離して取り出してパルプにする。

ある植物を、紙の原料として適しているかどうかを決める基本的な要因は、その繊維の適合性、供給の安定性と確実性、集荷と輸送と調製のコスト、それに貯蔵中における変質性などである。

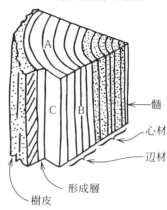

図1－2　丸太の横・縦断面図
(A.木目, B.柾目, C.板目)

髄
心材
辺材
形成層
樹皮

## 4.1　針葉樹の細胞の構造

針葉樹の代表的なものとして、松 (pine)、杉 (ceder)、ツガ (hemlock)、トーヒ (spruce)、樅 (douglas fir) などがある。

針葉樹を、細胞を破壊しないで切断したものを観察してみると、2つの異なった年輪からできており、柔らかい年輪の部分は春に形成されるもので、春材 (sprigwood) または早材 (earlywood) と呼ばれ、硬い年輪の部分は夏材 (summer wood) あるいは秋材 (autumnwood) または晩材 (latewood) と呼ばれる。

電子顕微鏡を使って木材の断面図を細かく観察すると、図1－3に示すように針葉樹材は先端が閉じてやや尖った中空の管状細胞からできていることがわかる。

針葉樹の中に存在するこのような中空細胞は、製紙工業の分野では繊維と呼んでるが、植物学的には仮導管 (trackeid) と呼ばれ、長さは3

図1－3　針葉樹細胞の拡大図

春材仮道管　　秋材仮道管

～7mm、幅は長さの大体1/100位である。

## 4.2 広葉樹の細胞の構造

広葉樹の代表的なものとして、カバ (birch)、ブナ (beech)、カエデ (maple)、ポプラ (poplar) などがある。

広葉樹は、針葉樹とは若干異なった解剖学的性質を持っている。

両者のいちばん大きな違いの一つは、広葉樹には導管 (vessel) というものがあることである。

導管とは、主として樹液の通導を行う比較的大きな横断面を持つ細胞である。

一つの導管は、大体1mm以下で短いが、一般に大きく広がった開口末端部同士が接続し、次第に長くつながった、ちょうどパイプのようになり、木目に沿った方向に樹液を木の上部送るための通路の役割を果たす。

顕微鏡を使って広葉樹材を細かく観察してみると、図1－4に示すように木繊維は細胞間層で分離されているのがわかる。

広葉樹の繊維長は、1～1.7mm、幅は長さの大体1/100位であり、針葉樹に比較すると短い。

図1－4　広葉樹材細胞の拡大図

カバの導管　　ブナの導管

## 4.3 木材の化学成分

表1－1に針葉樹と広葉樹の代表的な木材の化学成分の比較を示したが、木材を化学的に定義付けすることは極めて難しいことがわかる。

木材は、それぞれ互いに浸透したたくさんの高分子化合物が集まって作られた複雑で不均一な自然の産物であるといえる。

表1－1に示したように、木材は、通常、その主要成分はセルロース (40～50％)、ヘミセルロース (20～35％)、リグニン (20～30％)、溶媒可溶性物質 (3～35％) としておおざっぱに分類することができる。

これらの化学成分を、構造の変化とか、分解することなく定量的収率で分けることはまず不可能であるといえる。

また、木材の主成分が何であるか調べてみると、その60〜80％が多糖類から成っている。

これは、木材の多糖類を希酸を用いて加水分解してみると、グルコース、マンノース、キシロースなどの単糖類から成る高分子量の炭水化物 (hydro-carbon) であることがわかる。

表1－1　木材の化学成分比較

| 木材の種類<br>木材の成分 | 針葉樹<br>（マツ） | 広葉樹<br>（ブナ） |
|---|---|---|
| 熱水抽出物 | 2 | 1 |
| アルコール・ベ<br>ンゾール抽出物 | 9 | 4 |
| セルロール | 48 | 43 |
| ヘミソルロース | 15 | 27 |
| リグニン | 23 | 19 |
| 灰分 | 0.3 | 0.3 |

そこで、木材中の主要な多糖類成分を分解してみると次のようになる。

ホロセルロース (holocellulose) ─┬─ セルロース (cellulose)
　　　　　　　　　　　　　　　　 └─ ヘミセルロース (hemicellulose)

ホロセルロースを室温において希アルカリ、たとえば17.5％のNaOHまたは10〜24％のKOHで処理すると、木材の15〜30％が溶出するのがヘミセルロースであり、不溶分がセルロースである。

セルロースは、木材繊維細胞膜であり、グルコースの重合物 (polymer) で、化学構造式で表すと次図のように変化して形成される。

セルロースは、高い分子量から成り、高度に結晶化した物質であるため、蒸解薬品や漂白用酸化剤などの化学薬品による分解が起りにくい。

これに反し、ヘミセルロースは、比較的容易に酸やアルカリに溶けやすい性質がある。

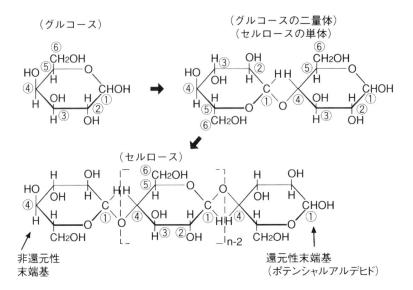

## 5 パルプ (Pulp)

　紙の原料であるパルプは、植物主として木材から製造されるが、その製造方法は、大別すると次の通りである。

```
            ┌── 化学パルプ (chemical pulp)
            ├── 半化学(物理)パルプ (semi chemical pulp)
パルプ(pulp)─┤
            ├── 機械(物理)パルプ (mechanical pulp)
            └── 古紙パルプ (waste pulp)
```

　パルプを作る場合に使われる木材は理論的には樹皮以外は使用出来るが、効率的にパルプを製造するために木材を一定の小片（大きさ約25㎜角、厚さ4㎜位）にして使用するのが普通であり、これを専門的にはチップ（chip）と呼んでいる。
　チップは作るパルプの種類により各種の物理・化学処理を施して作られるの

で、以下に段ボール用原紙として使われる代表的なパルプの製造方法の概要について述べる。

## 5.1 化学パルプ (Chemical pulp)

化学パルプは、パルプの製造過程で化学薬品を主体として作られる。

もちろん、使用される薬品と製法によって多少の差があるが、原料中の中間層リグニンは当然のこと、細胞膜リグニンの大部分が取り除かれると同時に、多量のヘミセルロースも溶解し、さらに若干のセルロースも分解する恐れがある。

このパルプの品質は高いが、その反面、機械パルプに比較すると歩溜りが低く、生産コストも高い。

たくさんある化学パルプの中で、段ボール用原紙として用いられるクラフトパルプ及びセミケミカルパルプについて述べる。

## 5.1.1 クラフトパルプ (Kraft pulp)

クラフトパルプは、化学的製造方法の一種であり、サルフェートパルプ (Sulphate pulp) とも呼ばれる。

「クラフト」という呼称は、スウェーデンにおいて、ある化学工業の副産物の芒硝を用いて作ったパルプを使用して紙を抄造したところ、非常に強い紙を作ることができたので、いわゆるスウェーデン語の強さを意味する「Kraft」という名称で呼ばれるようになったといわれている。

クラフトパルプの製造工程は、図1－5に示す通りであり、まず原木はチップに加工される。

チップの大きさは、パルプの品質に対して非常に重要な役割を持ち、特にその厚さに影響するところが大きい。

あまり薄いと繊維を切断してしまうし、大きさが一定していないと蒸煮が均一に行われにくいので、一般に20～25㎜角で、厚さ4㎜程度大きさに切断されて用いられる。

切断されたチップはサイロに貯蔵され、チップスクリーンを通ってチップび

図1-5 クラフトパルプの製造工程フローシート

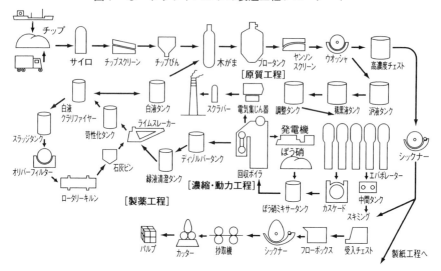

んから木がまに入れられ、ここで普通170～180℃で2時間程度の蒸解が行われる。

　蒸解工程はパルプの品質を左右し、色調や強度、その他の性格が作りあげられる極めて重要な工程であるといえる。

　木がまからブロータンクへ放出されたパルプは、まだ充分に個々の繊維に分解されていないので、中にはまだかなりチップの原形を留めているものが混入しているので、ヤンソンスクリーンでふるい分けられ、樹皮や節などの不溶部分が除去され、精選されたパルプは、パルプウオッシャーで洗浄される。

　この洗浄によってパルプと黒液とに分離されるが、このパルプはまだ充分に離解されていないので、ディスクレファイナーなどの離解機で細かく破砕し、さらにシックナー、スクリーンなどの除塵機で精選されてクラフトパルプができ上がる。

　製紙工場が並立している場合は、そこからパイプで直接製紙工場へ輸送され紙が作られるが、パルプは、後述する円網抄紙機によく似たパルプマシンで抄

き上げられ、ある程度水分を含んだシートの状態で製紙工場へ出荷される。

　一方、木がまに投入される蒸解用の薬液は、パルプを洗浄するときに生ずる黒液（廃液）から回収して精製した白液だけで行わないで、これに黒液を配合して使用するのが普通である。

　従って、蒸解後に生じた黒液の一部に直接還元されるが、大部分は一度貯蔵タンクに集められ、フローシートに示してあるように、真空エバポレーターで固形物が50〜70%程度まで濃縮される。

　この黒液は、ボイラー用の燃料となり、熱として回収されるが、この際、黒液には蒸解に消費された薬液の損失分に相当するだけの無水硫酸ソーダが補給され、ボイラー下部に集まる溶解塩は水で溶解されて緑液となる。緑液は、苛性化槽で生石灰を投入し苛性化され白液となって、黒液と混合されて蒸解液として使用される。

　すなわち、薬品としては、単に無水硫酸ソーダ（$NaHSO_4$）と生石灰（$CaO$）と補給するだけでよいので、省エネルギー化が図れる。

　以上のことから、クラフトパルプの製法における薬液の回収が、いかに重要な意味を持っているかがわかる。

## 5.1.2　セミケミカルパルプ (Semi chemical pulp)

　セミケミカルパルプは、化学的処理法によって、まず木材中に含まれているリグニンの一部を除いて柔らかくなったチップを、次いで機械力によってほぐして製造したパルプである。

　すなわち、化学 (chemical) 処理と機械 (mechanical) 処理を半分 (semi) ずつ採り入れたパルプの製造方法であり、SCPと略称される。

　セミケミカルパルプは、破木パルプ (ground plup) すなわち機械的な処理で作ったパルプよりも純度および強度が勝り、また、化学パルプであるクラフトパルプなどのように化学処理法で作ったパルプよりも歩溜りが良いのが特色である。

　セミケミカルパルプの製造工程は、図1－6に示すように大きく分けると2

段階になっており、第1段階では穏やかな化学処理によってリグニンの一部を取り除き木質を軟化させておき、次に軟化した木質の繊維をレファイナーなどの機械処理によってパルプを分離させる。

図1-6 セミケミカルパルプの製造工程フローシート

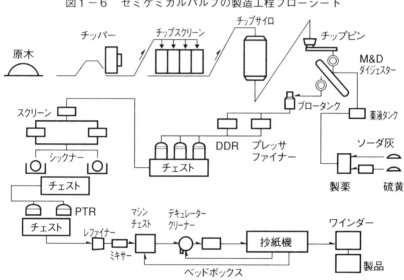

また、蒸解に用いられる薬品によって、中性亜硫酸法、酸性亜硫酸法、クラフトSC法、冷ソーダ法などがあるが、現在は、亜硫酸ソーダ（$Na_2SO_4・7H_2O$）と炭酸ソーダ（$Na_2CO_3$）を使用する中性亜硫酸法が多用されている。

この製法によるパルプ製造の構想は、すでにかなり以前にあったが、アメリカで、工業的パルプ製造法として著しい発展を遂げ、段ボール業界へは、澱粉が接着剤として使用出来る技術開発に成功したことによって世界的に急速に普及した。

なお、この製法が発展した理由をあげてみると次の通りである。
（1）チップをほぐす機械の進歩発展
（2）パルプの歩留りが良い。

(3) 原木に広葉樹が使用出来る。
(4) 各種の紙や板紙製造の原料に適する。

### 5.1.3　古紙パルプ（Waste plup）

　古紙パルプとは、一度使用した紙を回収して、パルパー（pulper）と呼ばれ、ちょうどジュースミキサーを大きくしたような装置の中で紙を回転させて、繊維が相互に凝集したり膠着しているものを離解して粥状にしてしまうようにして作られる。

　古紙パルプの製造工程については図1－7に示すが、パルパーで離解された繊維は、クリーナで除塵され、デフレーカーで精砕され、スクリーンを通して再度除塵された後、フローテーターで印刷インキを取り除き、シックナーで脱水してリファイナーで叩解されてからチェストに送られる。

　段ボール原紙に使用される古紙は出来るだけ強度が強くかつ安定したものが必要であるためクラフト系古紙が使用される。

　特に注目されるのは、使用済み段ボールの回収率であり、最近の統計資料に

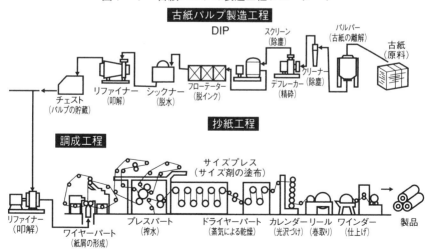

図1－7　古紙パルプの製造工程フローシート

よると約90％と極めて高い回収率を示しているのは現在の世相に十二分に答えうる包装素材であり、この業界として誇るべき姿であるといえる。

こうして回収された段ボール古紙は、クラフトパルプやSCPに混入して再びライナや中しんとして使用されることになる。

## 5.1.4　原紙1トンを作るのに必要な木材の量

原紙1トンを作るのにどれ位の木材を必要とするか調べてみると、概略次の通りである。

（種類）　　（必要量）

原紙／1トン → パルプ／1.05トン → 木材 ┬ KP ── 約1.8トン
（ロス＝5％として）　　　　　├ SCP ── 約1.5トン
　　　　　　　　　　　　　　　　　　└ WP ──── 0トン

すなわち、クラフトライナなら約1.8倍、SCP中しんであれば約1.5倍の木材が必要になるが、古紙パルプであれば全く木材を必要としないで済むことがわかる。

## 5.1.5　木箱1つから何個の段ボールが作れるか？

残念ながら最近実際に使われている木箱にはお目に掛かれないが、かつて大量に使われていたリンゴ箱（重さ約5.5kg）を例にとり、実用に耐えられる強度の段ボール箱を作ったと仮定して計算してみると次の通りである。

リンゴ木箱 → 段ボール箱 ┬ K-ライナ、SCP中しん使用 ── 2.9箱
　　　　　　　　　　　　　└ J-ライナ、特しん使用 ──── 5.3箱

ここに木箱から段ボール箱への転換は、いかに大きな森林資源節約の意義があるか理解出来る。

# 6 原紙の抄造

## 6.1 原紙の抄造方法

　一般に、原紙を抄紙する機械を抄紙機（Paper machine）と呼び、いろいろなタイプの抄紙機があるが、ごく基本的な抄紙機のフローチャートは次の通りである。

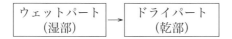

　すなわち、抄紙工程を大別すると、紙を形成する水分が多量にある湿った部分と、その水分を取り除いて乾燥する部分に分けられるが、それぞれの工程が果たす主な役割について述べる。

### 6.1.1　湿　部（Wet part）

　湿部は、厳密には次のように分類される。

　湿部は、原質部門で適切に調製されたパルプをマシン全幅にわたって均一に分散し、約50％の水分を放散させ湿部シートを構成することを目的としている。
　この基本的な抄紙工程に対して、どんな紙を抄紙するかは、ウェットパートにどんな方式を選ぶかによって決まる。
　従って、段ボール用原紙を抄造する場合には、どんなウェットパートを使用するのが適切か、大別すると次のようになる。すなわち、原紙用の抄紙機を大別すると、基本的には次のように分けられる。

さらに、使用目的別に再分類すると次のように分けられる。

これらの抄紙機のウェットパートと特長について以下に述べる。

(1) 長網抄紙機 (fourdriner machine)

　長網抄紙機は、イギリスでフォードリニヤー兄弟によって考案された最初の本格的抄紙機で、その名をとってフォードリニヤー（fourdriner）と呼ばれる。

　このマシンの特徴は図1－8に示すように漉湿部が単層で構成され、いわゆる単層抄きであるから280ｇ／㎡以下のクラフトライナやSCP中しんの抄造に効果的である。

図1－8　長網抄紙機（ウェットパート）

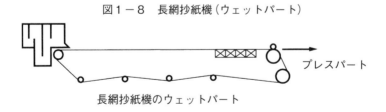

長網抄紙機のウェットパート

(2) バーチフォーマ (veti forma)

　バーチフォーマは、一般の抄紙機と異なり、図1－9に示すように紙匹を上から下へ垂直に流して抄紙する湿部の機構になっており、中しんなどの単層の薄物の抄造には極めて効率的であり、スピードも速い。

図1－9　バーチフォーマ（ウェットパート）

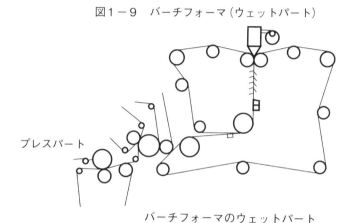

(3) 円網抄紙機 (cylider machine)

　円（丸）網抄紙機の湿部は、図1－10に示すように、円網と呼ばれる漉網部で5～6層の抄合せ、いわゆる、ジュートライナの厚物や抄合せが出来る伝統をもつ抄紙機である。

図1－10　円網抄紙機（ウェットパート）

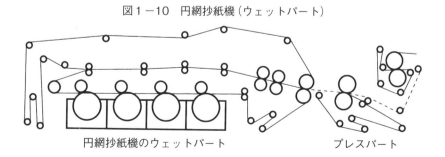

(4) 長網抄合せ機（inverformer）

　長網抄紙機は、厚物のライナが抄きにくいという欠点を改善するために開発されたのが長網抄合せ機でインバーフォーマとも呼ばれ、図1－11に示すように長網上に数個のバットから紙匹が流され、円網方式と同様に少しずつ厚物化されてゆくメカニズムになっている。

図1－11　長網抄合せ機（ウェットパート）

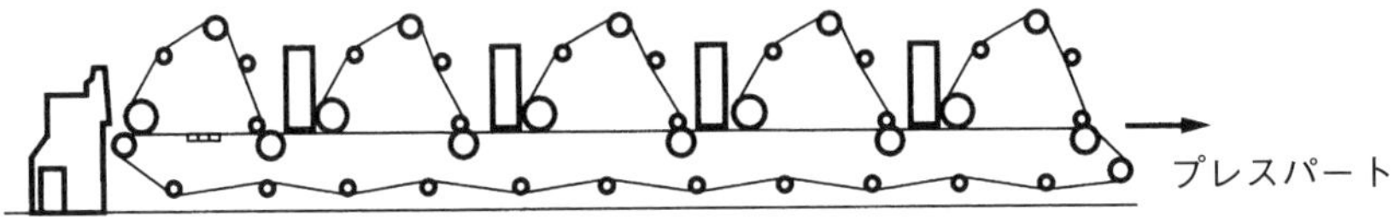

長網抄合せ機のウェットパート

## 6.1.2　乾　部（Dry part）

　乾部の果たす役割は次の4つの部分である。

```
          ┌── 乾燥部（dryer part）
          ├── 光沢部（calender part）
乾　部 ───┤
          ├── 巻取部（real part）
          └── 仕上部（finish part）
```

その基本的なフローチャートを図1－12に示す。

図1－12　乾部のフローチャート

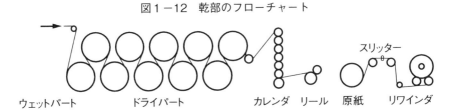

搾水部を通った紙は、約50～60％の水分を含んでいるので、水分を蒸発させるために乾部に移され、ここで蒸気による乾燥が行われて水分が少なくなり、紙が少しずつシュリンクしてゆく。普通、乾燥部は、鋳鉄製のシリンダで外表面は平滑に研磨されている。

湿紙は、乾燥が進むにつれて少しずつ収縮してゆくため、ドライヤーが同一速度で回転すると、乾燥中の紙は次第に張力がかかるようになるので、2～4群に分けて張りを調節するように考えられているのが普通である。湿紙は、ここで最終的には5～8％位の含水分状態に乾燥される。乾燥された紙の表面は、よく観察してみると、表面に凹凸があるので、出来るだけ平滑にする必要があり、その役割を果たすのが光沢部である。表面が平滑にできているカレンダーは、その自重または、さらに加圧装置によって紙を圧縮し、紙の表面を平滑にして光沢をつける。

もちろん、ここで水あるいは、デンプンやポリビニールアルコールなどの化学薬品を塗布して表面強度を高め、印刷適性を向上させる。以上の工程を通って、ほとんど紙として完成されたことになる。

最終的には、その紙をユーザーの要求する紙幅に裁断し、一定の直径に巻き取られて製品として出荷される。

## 6.2　原紙の繊維配向性

原紙を構成している繊維の並び方は、既述した抄紙機の種類や抄紙速度によ

図1－13　原紙の繊維配向と伸び率

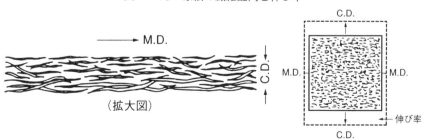

って差はあるが、全般的には図1－13に示すように抄紙機の進行方向に並んでいる。

　繊維が並列している方向をタテ方向M.D. (machine direction)、それに直角の方向をヨコ方向C.D. (cross direction) と呼んでいる。このように繊維の配向性によって強度や伸縮性が異なるのは、原紙の特色であり、一般に、次のような傾向がある。

　引張り強さ、圧縮強さは、M.D.＞C.D.
　引裂き強さ、伸縮率は、M.D.＜C.D.

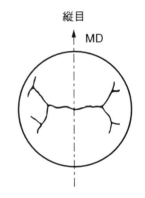

図1－14　破裂強さ試験面による縦横の判別

　また、後述する世界的に紙の品質評価の一つとして認められている破裂強さの試験における原紙の破懐状態をよく観察すると、図1－14に示すように必ずH字形の破懐現象が起きるのは、明らかに原紙の配向性を示すものと言える。この現象は、紙の流れ方向 (M.D.) は引張り強さは強いが、伸びは少ないことを示すものであり、このタテとヨコの比率は、繊維の長短や、紙の抄き方、すなわち、抄紙機の種類や速度によって多少の差はある。

　また、H字形に破壊するのは、タテ方向の伸び率が小さく、硬いので破断に対してエネルギーが小さいからであり、破断時のエネルギー吸収量をタテ方向とヨコ方向に分けて表すと図1－15に示すように表すことが出来る。

　また、リングクラッシュ強さについて、繊維の配向性と強度との関連性を実測してみると図1－16に示すようにはっきりした傾向が確認出来る。

　この実験は、代表的な原紙数種類を選んで、それぞれの繊維方向に対して角度変化させて試験片を作り、リングクラッシュ強さを測定した平均的な値をプロットしたものであり、原紙の繊維配向性が強い影響を示していることがわかる。

図1-15 破断時のエネルギー吸収量

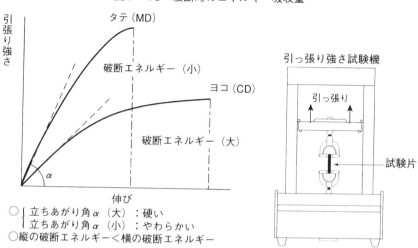

図1-16 タテヨコ方向とリングフラッシュ

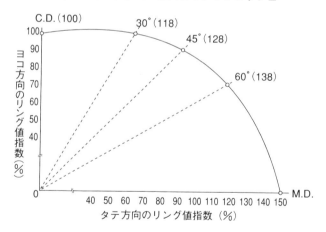

## 7　段ボール用原紙（Fibre board）

　段ボール用原紙とは、段ボールを作るために使用される紙のことであるが、正確には板紙に属し、次のように大別出来る。

段ボール用原紙 ─┬─ ライナ
　　　　　　　└─ 中しん

一般に、図1－17に示すようにフラットに使用される原紙のことをライナと呼び、波状に段成型された原紙のことを中しんと呼ぶ。

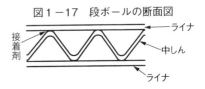

図1－17　段ボールの断面図

以下、ライナおよび中しんについて述べる。

## 7.1　ライナ (Liner boards)

ライナは、段ボールに使用される目的によって次のように大別される。

ライナ ─┬─ 外装用ライナ ── 外装用段ボール箱用
　　　　└─ 内装用ライナ ── 内装用段ボール箱用

以下、両者について述べる。

### 7.1.1　外装用ライナ

外装用ライナとは、外装用段ボールを作る目的で使用されるライナのことで、その種類および品質は、JIS P 3902「段ボール用ライナ」に規定されているが、使用するパルプの種類によって次のように分けられる。

外装用ライナ ─┬─ クラフトライナ (Kraft liner)
　　　　　　　└─ ジュートライナ (Jute liner)

（1）クラフトライナ（Kraft liner）

　クラフトライナは、クラフトパルプを100％使用して作られたライナのことで、わが国では1959年（昭和34年）に本州製紙株式会社釧路工場で長網抄紙機によって初めてクラフトライナの抄造が開始され、ライナとしての品質面と生産性で一大転機が作られた。

　その後、わが国における物流面の改善と相俟ってK－ライナの美名の下に疑似K、Kダッシュ、K－1、K－2、ジュートK等の紛らわしいK－ライナが市販されているので、段ボールメーカーとしては十分な品質チェックを行い正しい評価をした上で使用しなければならない。

（2）ジュートライナ（Jute liner）

　ジュートは黄麻という意味であり、黄麻のように強いパルプで裏打ちした紙であるという処からでた総称であると言われている。

　従って、古紙パルプとクラフトパルプとを併用して繰られたライナのことでありその歴史も古く広く愛用されてきた。

　従って、クラフトパルプの使用量が多い程ライナとしての品質は向上するのは当然の理である。

　また、今後の物流面の改善や、資源愛護という観点からも、そして更なる抄紙技術の向上によって益々その使用率は高まってゆくものと推測される。

　従って、同じ坪量（g／㎡）であれば、クラフトライナの方が品質は優れている。


## 7.1.2　内装用ライナ

　内装用ライナは、内装用段ボールを作る目的で使用されるライナであり、外装用ライナに対する呼称である。

　従って、品質の規格はなく、使用するパルプも古紙パルプが主体である。

　また、坪量も外装用ライナよりも軽く160g／㎡以下が大半を占める。


## 7.1.3　ライナとしての必要特性

　ライナが一般の紙と根本的に異なる点は、ライナそのものが単独で包装に使

用されることはなく、必ず中しんとセットになって段ボールという構造体に加工されて使用されるということである。従って、強度や外観など一般の紙に要求される諸条件の他に、さらに優れた段ボールとしての加工適性を持たなければならない。

以下、ライナとして要求される必要な物性についてあげる。

（1）生産性（Runability）

いかにライナとしての物性が優れていても、段ボールを作る工程に適合しなければ良いライナとはいえない。

生産性に優れた条件とは何か、以下にそのポイントを示す。

① 水分の均一性

ライナの含水分が均一であるということは、段ボールの製造条件として最も重要な基本条件であるといえる。

もしも、含水分が不均一なライナを使用すると、生産スピードが上がらず、ソリが発生しやすく、良い段ボールを作るのは難しい。

抄紙機の幅が次第に広幅化され、さらに高速化されているので、含水分の均一化は難しくなる傾向にあるが、段ボールメーカーとしては絶対に守ってもらいたい基本条件の一つである。

② 優れた貼合適性

段ボールを貼合する場合のスピードは高速化しており、シングル側における瞬間接着速度は約1／2,000秒以下にも達している。

従って、ライナの接着性は極めて重要な因子であることはいうまでもない。特に、ライナの裏面の吸水性、接着適性が強く要求される。

③ けい割れが生じないこと

いかに良い段ボールができても、箱を作る場合に必ずけい線を入れる必要がある。

もしも、けい線加工部に割れが発生すれば、もはや段ボール箱としての価値は消失してしまう。

良いライナとは、絶対にけい割れが発生しないものであるということが望ま

れるのはいうまでもないが、段ボールメーカーとしてもある程度のけい割れ対策を考えなければならない。

④ 優れた印刷適性

段ボール箱に印刷をすることは絶対的な必要条件といえる。

従って、印刷の出来ばえは、段ボール箱の外観的な価値を大きく左右することになる。

段ボール箱の印刷技術は高度化し、スピードもますます上昇の傾向にあるし、120線を目標とした網点(あみてん)印刷の要求に追従出来る印刷適性を持ったライナの表面適性が必要である。

⑤ 色の統一化

バーコード印刷の精度アップ、及びインキの標準化推進には、ライナの表面色相の標準化・規格化が望まれる。

## 7.2　中しん (Corrugating medium)

段ボールにおける中心の果たす役割は極めて大きい。

段ボール箱を単純に外側から眺めると、中しんの存在は確認しにくいが、実際は極めて重要な意味を持っているといえる。

その理由は、段ボールの製造時には充分な柔軟性を、完成した時には強靭性が要求されるといった点で、理論的には一見矛盾しているともいえる。

そこに、段ボール用の中しんとして大きな特性を秘めているともいえる。

現在、段ボール用の中しんは、使用するパルプによって次のように大別出来る。

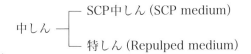

SCP中しんとは、セミケミカルパルプを100％使用して作った中しんである。
特しんとは、セミケミカルパルプに古紙パルプを混合して作った中しんであ

る。従って、同じ坪量（g／㎡）であれば、SCP中しんの方が品質は優れている。
　以下、両者について詳述する。

## 7.2.1　SCP中しん

　SCP中しんは、従来使われてきた藁を原料とした黄中しんに替り、セミケミ
カルパルプを100％使用して作った中しんであり、1960年（昭和35年）にJIS
P 3904「段ボール用中しん」に規定され、その品質はA級に該当する品質を持
ったものである。

　SCP中しんは、ほとんどが長網抄紙機及びバーチフォーマで抄造されており、
素材的には、セミケミカルパルプの持つ繊維が太くて短くその硬さを充分に発
揮出来るので、段ボール用の中しんとしての最適な特性を持っている。

## 7.2.2　特しん（Repulped medium）

　特しんは、セミケミカルパルプに古紙パルプを混合して作った中しんのこと
であり、JIS P 3904「段ボール用中しん」に規定されているB級あるいはC級
に該当する品質を持ったものである。

　従って、同一坪量であれば、SCP中しんに比較すると強度は弱いので、坪量
を増加することと、薬品を添加することなどによって強度アップを図り強化中
しんという名で市販されている。

## 7.2.3　中しんとしての必要特性

　中しんは、段ボールに作りあげられてしまうと外からは全く見えない存在と
なるので、実際は中しんの重要性がライナと異なる点は、段ボール貼合時に多
く見られる。

　たとえば、貼合時における中しんの引っ張られる速さは、ライナよりも約
1.4～1.6倍速いことは、段ボールの構造から容易に理解することが出来る。

　また、段成型の過程において受ける圧力も大きく、接着剤をまず適切に受け
入れる役目を受け持つのも中しんである。

これらの複雑怪奇な早わざをやってのけられるような性質を持っていなければならない。さらに、そのような難関を見事に突破して段ボールが出来上がると、次に要求されるのは堅さや強靱性である。

このように、柔と剛とを合わせて持った性質が要求されるという点がライナとの大きな違いであるといえる。

従って、中しんとしての必要物性は、強度の他に段ボールを作る場合の生産適性とに分けて考えるべきである。

ライナとは対照的に外側からは、その存在を見きわめることが困難であるが、段ボールの製造時には柔軟性を、そして段ボールに作りあげられてからは強靱性を強く要求される点で、理論的にはやや矛盾した感じがないとはいえない。

そこに段ボール用中しんとしての特性を秘めているともいえる。

## 7.3　段ボール用原紙の物性

輸送用段ボール箱を作るには、ライナ及び中しんともJISに規定されている品質と同等以上のものを使用しなければならないことになっているが、原紙の品質を集約してみると次の通りである。

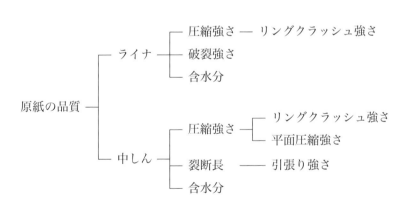

これらの品質の特性及びその評価方法について以下に述べる。

## 7.3.1 破裂強さ (Bursting strength)

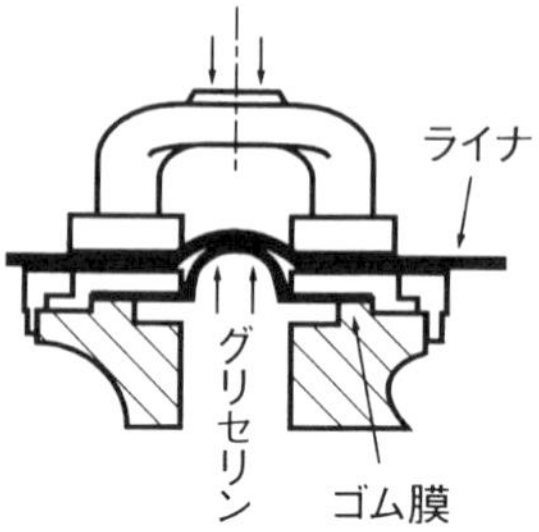

破裂強さは、紙の総合的な判定が出来る物性として広く用いられている。その試験方法は、JIS P 8131「紙および板紙のミューレン高圧形試験機による破裂強さ試験方法」という長いタイトルの中に規定されているが、この試験のメカニズムは、図1-18に示すように規定のゴム被膜をグリセリン溶液で押し上げて膨張させて、ライナを押し破る抵抗値を測定しキロパスカル (kPa) の単位で表す。

また、比破裂強は、次式で求める。

図1-18 破裂強さ試験

$$X = \frac{P}{W}$$

[計算例]　　　　(JIS)

ただし、X： 比圧縮強さ (Pa・㎡／g) → 2.94 → A級

W： 表 示 坪 量 (g／㎡)　　220 g／㎡

P： 破 裂 強 さ (kPa)　　647kPa

## 7.3.2 圧縮強さ (Ring crush strength)

圧縮強さは、段ボール箱の圧縮強さと強い相関性があるので重要視されている物性であり、ライナおよび中しんともにJISで規定されている。この試験方法は、JIS P 8126「板紙の圧縮強さ試験方法」に規定されているが、この試験のメカニズムは、図1-19に示すように、原紙をヨコ方向に正確に規定の寸法に切断し、それを支持具に差し込んで円形にして加圧し、座屈する時の最大抵抗値をニュートン (N) で表す。

原紙を丸めて試験を行うので、リングクラッシュ試験とも呼ばれる。

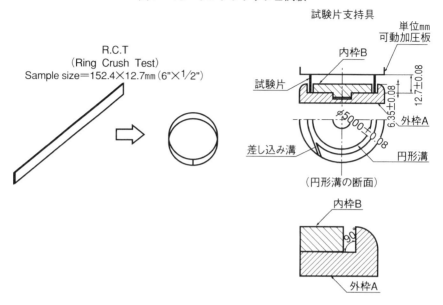

図1-19 リングクラッシュ試験

また、比圧縮強さは、次式で求める。

$$C = \frac{S}{W} \cdot k$$

ただし、C： 比圧縮強さ（N・m²／g） → 165 → AA級　（JIS）
　　　　W： 表示坪量（g／m²）　　　220g／m²
　　　　S： 圧縮強さ（N）　　　　　363N
　　　　K： 常　　数（100）　　　　100

［計算例］

## 7.3.3　平面圧縮強さ（Concora medium strength）

　中しんの平面圧縮強さは、中しんのみに要求される独特の物性であり、段ボールの平面圧縮強さとの強い相関性がある。

　この試験方法は、まだJISに規定されていないが、リングクラッシュ試験における試験片のサイズと同様（152.4×12.7mm）のサンプルを厚さ約30mmの約180℃に加熱されたAフルート段ロールの間を通過させて中しんを段成型さ

せ、段頂を片面テープで固定し、ちょうど片面段ボールまたは両面段ボールの
ような状態にして平面圧縮して、その抵抗値を測定する。この試験法をCMT
(Concora medium test) と呼んでいるが、その概要を図1−20に示す。

図1−20　CMTの試験法

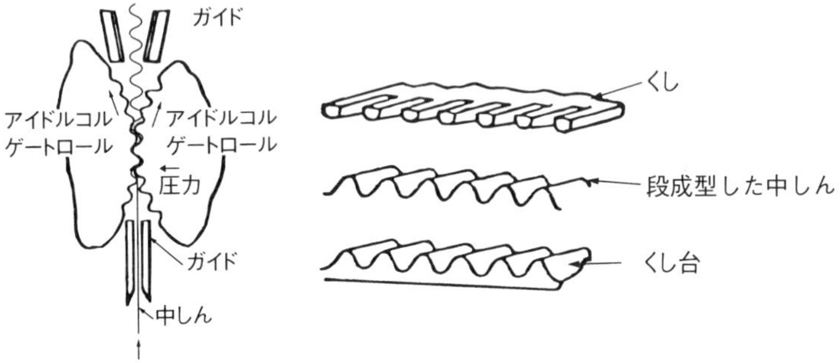

　なお、平面圧縮強さは、紙パルプ技術協会紙パルプ試験方法No.29（中しん
原紙のコンコラクラッシュ強さ試験方法）によって測定する。
　また比圧縮強さは、次の式によって算出する。

$$F = \frac{S}{W} \times k$$

[計算例]　　(JIS)

ただし、$F$：　比平面圧縮強さ (kgf・㎡／g){N・㎡／g}→　13.2　→ B級

　　　　$W$：　表　示　坪　量 (g／㎡)　　　　　125 g／㎡

　　　　$S$：　平 面 圧 縮 強 さ(N)　　　　　　16.5N

　　　　$K$：　常　　　　数(100)　　　　　　　100

## 7.3.4　裂断長 (breaking length)

　中しんのみにJISで規格化されている裂断長とは、「紙自体の自重で切断す
る長さ」のことであるが、実際にはJIS P 8113「紙および板紙のタテ方向の引
張り強さ試験方法」に規定されている方法で、まず図1−21に示す引張り強

さ試験機で引張り強さを測定し、次式により求めkmで表す。

$$A = \frac{T}{0.6538 \times B \times W} \times 1,000$$

ただし、A： 裂断長（km）　　　　　［計算例］　　　（JIS）
　　　　　　　　　　　　　　　　　→　3.6　→　B級
　　　B： 試験片の幅（15mm）　　　15mm
　　　W： 表示坪量（g／m²）　　　120g／m²
　　　T： 中しんの引張強さ（KN／m）　4.25KN／m

図1－21　引張り強さ試験後

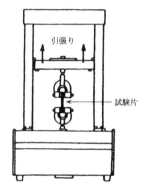

### 7.3.5　含水分 (moisture content)

　ライナおよび中しん共にJISに規定されている原紙の含水分は、原紙の品質評価の面からも、また、段ボールの生産性からも重要な意味をもっている。含水分の測定方法は、JIS P 8127「紙及び板紙の水分試験方法」に規定されている絶乾法によって行い、次式によって算出し、％で表す。

$$M = \frac{L}{S} \times 100$$

ただし、M： 含水分（％）　　　　　［計算例］
　　　　　　　　　　　　　　　　　→　9.1％
　　　S： 試験片の質量（g）　　　　660g
　　　L： 乾燥による減量（g）　　　60g

## 7.3.6 従来単位からSI単位への換算

　従来から使われてきた試験単位から世界共通のSI単位へ換算する場合の換算係数について、原紙関連の主な試験項目とSI単位への換算係数を表1－2に示す。

表1－2　原紙関連のSI単位への換算表

| 項　目 | 従来単位 | 換算係数 | SI単位 |
|---|---|---|---|
| 破裂強さ | kgf／cm² | ×98.1 | kPa |
| リングクラッシュ強さ | kgf | 9.81 | N |
| 引裂き強さ | gf | 9.81 | mN |
| 引張り強さ | kgf | 9.81 | N |
| 長　さ | m | － | m |
| 質　量 | kg | － | kg |

# 第2章　段ボール　(Corrugated fibre-board)

段ボールの代表的な構造は、図2－1に示す通りであり、ライナと中しんとの巧みな接合によってできており、構造力学的にみて非常に優れた形状を構成している。

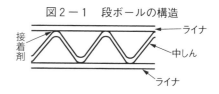

図2－1　段ボールの構造

## 1　段ボールの開発とその変遷

段ボールは1856年にイギリスのEdward兄弟が帽子の汗取り用として開発されたのが始まりであると伝えられているが、わが国では1909年(明治42年)にレンゴー㈱の前身である三成社の井上貞治郎翁が電球のサック用として、当時鋳物で幅6尺2寸、直径6寸の段繰り機を古川鉄工所で作らせ、かんてき(七輪の方言)で加熱して片段を作り、「段ボール」と命名したのが始まりであるから2009年(平成21年)にはちょうど100年目を迎えたことになる。

そして、敗戦後1951年(昭和26年)6月に「森林法」の改正が行われたことによって森林の乱伐が防止され、木材価格の急騰によって木箱から段ボール箱への転換機運が急速に高まっていった。

加えるに、段ボール工場から出る損紙やユーザーで使用された段ボール箱の回収システムが確立され、昔から極めて高いリサイクリング効率を上げており世界の先進国で優れた包装素材としての地位を確立してきた。

## 2　段ボールの定義と段の種類

### 2.1　段ボールの定義
　段ボールは、「波状に成型された中しんとライナを貼合した構造体」と定義される。

### 2.2　段（Fiute）の種類
　段ボールを構成する基礎は、段であり、段の形状、種類およびその組み合わせなどによってできた段ボールの特色に差が生ずる。
　以下、段を中心とした段ボールの基礎的な点について触れる。
　段ボールを構造体として特徴づけているのは、美しい波のように成型された段による結果であり、この段のことを英語でフルート（flute）と呼んでいる。
　フルートの語源は、「フルートの形が、古代西欧における朝廷の侍者の衣裳についている襞のある襟によく似ているので、fluteと名付けた。」といわれている。
　段は、段ボールの母体であり、いくつかの種類があるが、同一のライナと中しんを使用して作った段ボールでも、段の種類が違えば、おのずから段ボールの物性は違ったものになる。
　現在、世界的に使用されている段の種類は次に示す通りである。

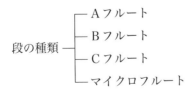

段の種類を用途目的別に大別してみると次の通りである。

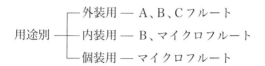

以下、外装用として使用されるA、BおよびCについて、その特色を述べる。

## 2.2.1　Aフルート (A Flute)

　Aフルートは単位長さ当たりの段の数は最も少なく、段の高さは最も高い。

　これがAフルートの特徴であり、Aフルートを使用して作った段ボール箱は、比較的軽い内容品の包装に適し、大きな衝撃吸収性と強い圧縮強さを発揮する。

## 2.2.2　Bフルート (B Flute)

　Bフルートは、Aフルートと全く対照的であり、単位長さ当たりの段の数は最も多く、段の高さは最も低い。

　従って、物性もAフルートと対照的であり、Bフルートを使用して作った段ボール箱は、比較的重く、硬い内容品の包装に適し、缶詰類、びん詰類の包装に多用されている。

　また、段が硬く潰れにくいという特性を利用して、打抜き加工をした複雑な組立て箱としても多用される傾向にある。

## 2.2.3　Cフルート (C Flute)

　Cフルートは、構造的にAフルートとBフルートのちょうど中間的な存在になり、物性的にはAフルートに近い特性を示す。

　近時、物流コストの中で大きなウエイトを占める保管、輸送費の上昇に伴い、少しでも容積が少ないCフルートが着目され、すでに欧米では輸送用段ボールの主流となっている。

最近、わが国でも先進国の使用実績から見ても、また地球上の資源、環境情勢を考えてもＣフルートの推進は当然のことといえる。

## 2.2.4　マイクロフルート (Micro Flute)

マイクロフルートとは、従来の段ボールが輸送用として使用されてきたのに対し、個装用を対象にして開発された新しいミニ段の総称であり、現在の主流は、次の通りである。

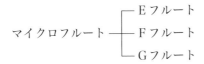

これらマイクロフルートの内、まずＥフルートが1970年代に米国において紙器用としてフォールディングカートンに代わる段ボールとして開発されたのが最初であった。

その後、ＦフルートさらにＧフルートと、より薄い段ボールへの飽くなき追求が進められたのは、板紙・紙器業界及び段ボール業界にとって一つの技術革新であり、両業界の垣根を取り払う役割を担うものと考えられる。

わが国においては、2000年に容器包装リサイクル法が施行されたのを契機に、これらは段ボールという判定がなされたことにより一層明るい展望が開けた。

ただ問題とされるのは、板紙と同レベルの印刷が可能かという技術的な課題と、コスト的にメリットが出せるかという点である。

以上述べた6種類のフルートの仕様について比較してみると表2－1に示す通りである。

表2－1　段の種類と仕様

| 段の種類 | 段の高さ(mm) | 30cmあたりの標準山数 | 段の種類 | 段の標準高さ(mm) | 30cmあたりの標準山数(約) |
|---|---|---|---|---|---|
| Aフルート | 4.5〜4.8 | 34±2 | Eフルート | 1.20 | 93 |
| Bフルート | 2.5〜2.8 | 50±2 | Fフルート | 0.75 | 125 |
| Cフルート | 3.5〜3.8 | 40±2 | Gフルート | 0.55 | 167 |

この他、ジャンボフルートと呼ばれるAフルートより段の高いものもある。

## 3　段ボールの種類

　段ボールの種類は、既述した段の種類を単独または複数組み合わせるかによって生まれ、できた段ボールの特性も異なってくる。
　一般に、段ボールの種類は、構造上からみた分類と、使用上からみた分類ができる。
　構造上からみた分類は、ごく簡単には、フルートをいくつ使うか、またはライナを何枚使うか、そしていずれに重点をおくかによって分類される。

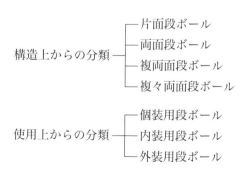

以下、順を追って段ボールを種類別に説明する。

## 3.1　片面段ボール (Single-faced corrugated fibre-board)

片面段ボールは、図2-2に示すように、波状に段をつけた中しんの片側にライナを貼り合わせたものであり、ライナを主体に考えた呼称である。

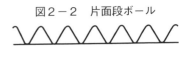

図2-2　片面段ボール

片面段ボールは、普通、このままで箱にして使用されることはほとんどなく、大抵の場合、特殊な構造体、たとえば筒状に巻くとか、一定の大きさに切断して平面的に貼り合わせて積層体などにして緩衝材や固定材などとして使用されることが多い。

## 3.2　両面段ボール (Double-faced corrugated fibre-board/single-wall corrugated fibre-board )

両面段ボールは、図2-3に示すように、波状に段をつけた中しんの両側にライナを貼り合わせたものであり、ライナを主体に考えた場合には、ダブルフェース（2つの表面）と呼び、成型された中

図2-3　両面段ボール

しんを主体に考えた場合にはシングルウォール（1つの壁）と呼称する。

使用するフルートは、A、B、Cフルートいずれを使用してもよいが、単独で用いるのが原則であることはいうまでもない。

箱として使用される割合は、世界的に両面段ボールが最も多く、段ボール箱の主流をなしている。

## 3．3　複両面段ボール (Double-wall corrugated fiber-board)

複両面段ボールは、図2−4に示すように、波状に成型された2つのフルートを組み合せて作った段ボールであり、別の表現をすれば、ちょうど片面段ボールと両面段ボールを合成したような構造である。

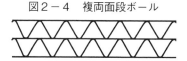

図2−4　複両面段ボール

複両面段ボールの呼称は、あくまでも成型した中しんを主体としており、ダブルウォール（2つの壁）と呼んでいる。

従って、構造的には各種のフルートを組み合わせて作ることができる。

そして、どのフルートと組み合わせるかによって、できあがる段ボールの物性は違ってくるのは当然のことであり、あらゆる物性面で両面段ボールよりも強くなり、特に垂直方向の圧縮強さでは顕著な増加がみられる。

箱として使用される場合は、易損品や重量物の包装に用いられ、また、長期間にわたって保存される内容品、青果物のように含水率の多い内容品や脆弱な内容品の包装に多用される。

## 3．4　複々両面段ボール (Triple-wall corrugated fibre-board)

複々両面段ボールは、図2−5に示すように、波状に成型された3つのフルートを使用して作った段ボールであり、別の表現をすれば、ちょうど片面段ボールと複両面段ボールを合成したような構造をしたものである。

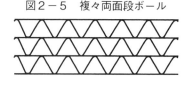

図2−5　複々両面段ボール

複々両面段ボールの呼称は、あくまでも成型した中しんを主体としており、トリプル (triple) またはトライ (tri) ウォール（3つの壁）と呼んでいる。

使用するフルートは、複両面段ボールと同様に、A、B、Cの各種フルートを組み合わせて作ることが出来る。

これら3種類のフルートをどのように組み合わせて段ボールを作るかという点で、2種類のフルートを組み合わせて作る複両面段ボールよりもさらに強い構造体になる。

従って、箱として使用される場合の主たる用途は、今まで木箱で包装されていた大形で重量物の包装として木箱に代わる包装材料として多用されている。

それゆえに、必ずしも段ボール箱単体として用いられるだけでなく、木製のパレットやスキッドなどと併用されることが多く、両者とのジョイントとしてはスチールバンドや特殊な座金を用いて釘付けが出来る。

# 4 段ボールの製造方法

段ボールは、コルゲータ(corrugator)と呼ばれる機械で作られるが、この他に、段成型した中しんとライナを接着させるための付帯設備として製糊装置が必要である。

また、中しんを成型し、中しんとライナを接着させるために熱が必要であり、ボイラーが用いられる。

以下、段ボールの製造方法について順を追って述べる。

## 4.1 コルゲータ開発の経緯

わが国における段繰機の考案は、記述したように1909年(明治42年)井上貞治郎翁に始まるが、その4年後の1914年(大正2年)にドイツのミューラー社から片面機を輸入したと記録されている。

その後、1921年(大正10年)に聯合紙器㈱「レンゴー㈱の前身」がアメリカのラングストン社から本格的なコルゲータを輸入し、いよいよ本格的な段ボールの製造が始められた。

また、わが国におけるコルゲータの第一号機は1940年(昭和15年)に丹羽鉄工所で作られたのが最初である。

このような幾多の変遷を経て現在のような高性能なコルゲータが生まれるに

至った。

## 4.2 コルゲータ（Corrugator）

コルゲータの構造をわかりやすく示すと図2－6の通りである。

図2－6　コルゲータの機構略図

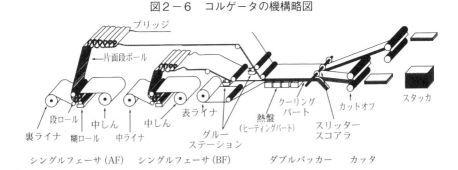

コルゲータを機能的に大別すると次の3つに分けることができる。

```
                ┌─ シングルフェーサ
    コルゲータ ──┼─ ダブルバッカ
                └─ カッタ
```

すなわち、段ボールは構造上一度に作ることができないので、まずシングルフェーサと呼ばれる部分で中しんを段成型してライナと接着させて片面段ボールを作り、次に、ダブルバッカにおいて両面段ボールを作り、最後に、カッタで一定の長さに切断することによって完成される。

従って、両面段ボールの他に、複両面、複々両面段ボールを作る場合には、コルゲータが複数のシングルフェーサを備えていなければならない。

これらの関係を集約してみると次の通りである。

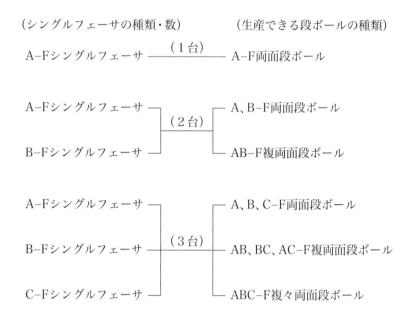

　しかし、最近１台のシングルフェーサに２種類の段ロールを備えたツインタイプのシングルフェーサが開発され、シングルフェーサの設置面積を縮小できるようになると共に生産性の向上が計れるようになった。
　そして、コルゲータの能力を表す方法としては、一般に、供給することが可能な原紙の最も大きな紙幅と、その原紙を完全に接着することが可能な最も早い速度の両方によって表現するのが普通であり、いわゆる公称能力といわれている。
　コルゲータの速度差は、主としてシングルフェーサの構造とダブルバッカの加熱、冷却能力とが基本的な要素になるが、この他に、使用するライナおよび中しんの種類、品質にも大きく左右されるし、接着剤の品質および管理もきわめて重要な要因である。
　また、コルゲータを操作するオペレーターの練度、チームプレーの良し悪しは、生産性および製品品質およびロス率に大きな影響を及ぼすということを忘

れてはならない。

それでは、以下にコルゲータの各部における機能と役割について述べる。

## 4.2.1 シングルフェーサ (Single-facer)

シングルフェーサは図2－7に示すように中しんを波形に成型し、その段頂に接着剤を塗布した後、直ちにライナと接着させて「片面段ボール」を製造する部分で、段ボールの基本的な品質を形成するきわめて重要な部分であり、コルゲータの中枢機構を成しているといってよい。

図2－7 シングルフェーサ

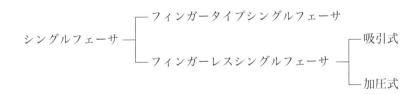

(1) シングルフェーサの種類

シングルフェーサは次に示す2種類がある。

```
                  ┌─ フィンガータイプシングルフェーサ
シングルフェーサ ─┤                                        ┌─ 吸引式
                  └─ フィンガーレスシングルフェーサ ──────┤
                                                          └─ 加圧式
```

① フィンガータイプシングルフェーサ（Finger-type single facer）

　フィンガータイプシングルフェーサの主要部分である中しんの段成型とライナとの接着機構の部分の断面図を図2－8に示す。

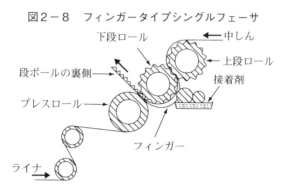

図2－8　フィンガータイプシングルフェーサ

　この部分の主体を成しているのは、上下一対の段ロールとプレスロールの一体化と、グルーパンからの接着剤の均一な塗布機構の組み合わせによって構成されている。

　なかでも、段ロールは最も重要な役割を果たし、中しんを可能な限り早く、正確に段成型をさせなければならない。

　段ロールの噛み合いの状態を拡大して示してみると図2－9に示す通りであり、一般の歯車による力の伝達と異なり、同時に何枚もの段が噛み合うことは許されない。

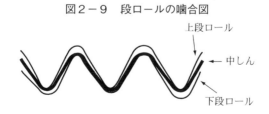

図2－9　段ロールの噛合図

すなわち、中しんは段ロールの段と段の間の短いピッチにおいて、段の型状に沿って伸びるだけの要素を備えているからである。

この伸びをできるだけ助け、段成型をしやすくするために生蒸気を中しんに付与してやるのが普通である。

段成型された中しんは段頂に糊付けされ下段ロールに沿ってプレスロールへと運ばれてゆくが、その場合に中しんが下段ロールから飛び出さないように保護してやらなければならない。その保護役を務めるのがフィンガーと呼ばれる保持具の一種である。

② フィンガーレスシングルフェーサ（Fingerless single-facer）

上記フィンガーは、段ボールの接着にマイナス要因になることがあるため、フィンガーを使わない別のメカニズムで働かせる技術が開発された。

すなわち、フィンガーレスシングルフェーサの開発は1977年（昭和50年）にレンゴーと三菱重工によって世界で初めて真空式の高速実用機が誕生した。

そしてその後間もなくいくつかの機械メーカーによって開発が行われたが、その新しい技法には図2-10に示すようにいくつかの方法があるが、基本的には真空または加圧により成型された中しんを段ロールに密着させてプレスロールへと送りこんでゆくものである。

この新しいフィンガーレスシングルフェーサの開発によって段ボールの品質は著しく安定することになった。

このシングルフェーサにおけるもう一つの素晴らしい開発は、成型した中しんとライナとを接着させるメカニズムの新しい構想である。従来の方法は図2-8および図2-10に示したようにプレスロールと下段ロール間の加温と加圧による方法で1／2,000秒以下という短時間内に行われてきた。

この場合、過圧になると中しんの段頂とライナに繊維破壊が起きる可能性があり、少なくともプレスマーク（press mark）現象を起こし、段ボールの表裏差を明確にしてきた。

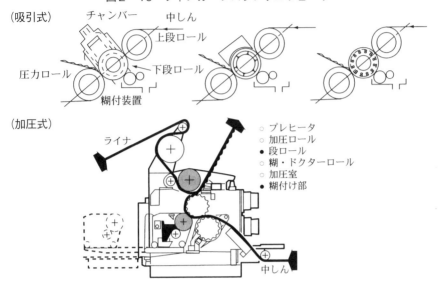

図2-10 フィンガーレスシングルフェーサ

　この欠陥を完全に解消したのが、図2-11に示す加圧ベルト方式の開発であった。

図2-11 加圧ベルト

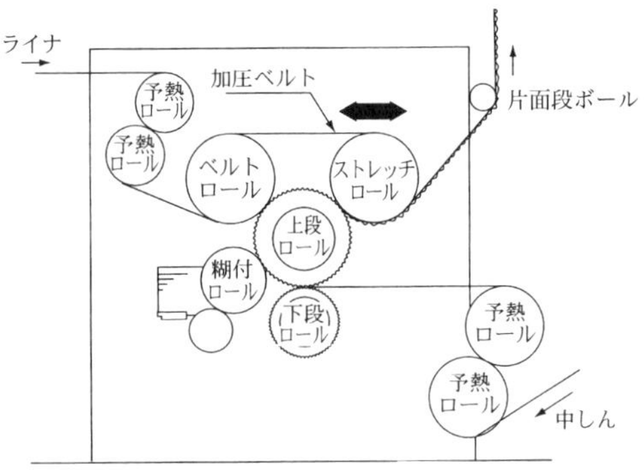

　点接着から面接着へと好転させた技術的発想は、段ボールの表裏を同一視できるレベル水準を実現し、今後の製箱工程の改善に少なからぬ福音をもたらすことになった。

シングルフェーサで発生しやすい不良の発生原因について表2－2に示す。

表2－2　シングルフェーサにおける不良の種類と原因

| 不良の種類 | 発　生　原　因 |
|---|---|
| ライナのしわ | ① ブレーキの不足<br>② プレスロールのクラウン不足<br>③ ライナ自体の水分ムラ、地合不良 |
| 中しんのしわ | ① ブレーキの不足<br>② ニップ圧の不均一<br>③ 中しん自体の水分ムラ、地合不良 |
| 段の高低（ハイロー） | ① 段ロール表面の汚れ、摩擦、不平行<br>② プレスロールの汚れ、摩擦、不平行<br>③ フィンガーの汚れ、摩擦、歪み、調節不良<br>④ 上段ロールのフィンガー溝の詰まり<br>⑤ 中しんに対するスチームシャワー量の過不足<br>⑥ 段ロールの熱量不足<br>⑦ ライナおよび中しんの張力不均一<br>⑧ 段ロール、プレスロールのベアリング摩耗<br>⑨ 中しんのサイズ度過剰<br>⑩ フィンガーホルダの不平行 |
| 段つぶれ | ① 段ロールの熱量不足<br>② 中しんの水分過剰<br>③ 段ロールの汚れ、摩耗、不平行<br>④ オイルミストの不足<br>⑤ 上段ロールのニップ圧の不適<br>⑥ ブレーキの過剰<br>⑦ フィンガーの汚れ、摩耗、歪み、調節不良 |
| 段　割　れ | ① 中しんの水分不足<br>② 中しんの張力不同<br>③ ブレーキの過剰<br>④ 段ロールのニップ圧の過剰<br>⑤ 段ロール、プレスロールの摩耗の不同、不平行 |

| 段の歪み | ① 段ロールの平行不良 |
| --- | --- |
| | ② 上下段ロール噛み合いの間隙過剰 |
| | ③ 中しん張力不同 |
| 接着不良 | ① フィンガーの摩耗、歪み、調節不良、汚れ |
| | ② 糊ダマによる糊ロール上の転移不良 |
| | ③ 接着剤の粘度不適 |
| | ④ 熱量不足 |
| | ⑤ プレスロールの加圧不足 |
| | ⑥ 中しん、ライナの水分過剰 |
| | ⑦ 中しん、ライナのサイズ度過大 |
| | ⑧ 糊切れ |
| | ⑨ 段ロールと糊ロールの平行不良 |
| 段 の 傷 | ① 段ロールの傷、汚れ |
| | ② フィンガーの破損、汚れ、調節不良 |
| 段 流 れ | ① 段ロールの摩耗、不平行 |
| | ② 段ロールのニップ圧の不足 |
| 耳はがれ | ① 抄きむら、波打ち、中しんの耳部の厚み不足 |
| | ② 厚物ライナ貼合時の速度過剰 |
| | ③ ライナ、中しんの水分過剰 |
| | ④ プレスロールの調節不良 |
| | ⑤ 糊の固形または粘度不足 |
| | ⑥ ダブルフェーサの熱量不足 |
| | ⑦ スリッターナイフのセット不良 |
| | ⑧ 熱盤上への糊の堆積による耳はがれ |
| ウォッシュボード | ① 接着剤の塗布量が過剰 |
| | ② 接着剤の低糊度 |
| | ③ ライナ、中しんの水分過剰 |
| | ④ ライナに厚薄がある場合 |
| | ⑤ 中しんに対するシャワ量の過剰 |
| 条 痕 | ① プレスロールのニップ圧の過剰 |
| | ② プレスロールの表面汚れ、摩耗、変形 |
| | ③ 段ロールの不均一な摩耗 |
| | ④ 段ロールとプレスロールの不平行 |
| | ⑤ ライナの含水分の過剰プレヒータ |

## 4.2.2 ダブルバッカ (Double-backer)

　ダブルバッカは、ダブルフェーサ (double-facer) とも呼ばれ、図2－12に示すシングルフェーサで作られた片面段ボールの段頂に接着剤を塗布し、ライナとの接着を完成させる一連の総称である。

図2－12　ダブルフェーサ

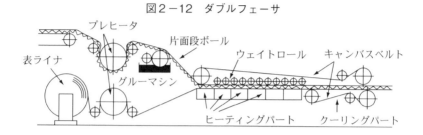

　従って、ダブルバッカを大別すると次の通りである。

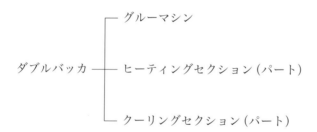

　ダブルバッカにおけるこれら3つの部分を果たす役割について述べる。

(1) グルーマシン (Glue machine)

　グルーマシンの構造は図2－13に示すように、アプリケーターロールとドクターロールとから成る片面段ボールへの接着剤の塗布装置と、段頂への接着剤の適正な転移と、段をできるだけ潰さないような役割を果たす一連の機構から成っている。

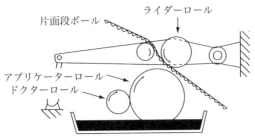

図2−13　グルーマシン

　糊量の調節は、ドクターロールとアプリケーターロールの間隙を調整することによって行われるが、普通使用されている間隙は0.2〜0.3mm位である。
　糊の塗布量は、段ボールの品質および生産性に非常に重要な結びつきがあり、必要最少限度におさえることが必要である。
　一般に、ダブルバッカにおける糊の塗布量の多い、少ないによってどんな差が生じるかということを図2−14に示す。

図2−14　糊の塗布量比較

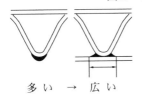
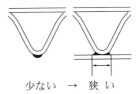

　このように、必要以上の糊をつけると、中しんが吸水する割合が多くなるので段が潰れ段ボールの厚さが薄くなり、箱にした場合に圧縮強さへの悪影響が出る。
　それゆえに、アプリケーターロールにどんな種類のロールを使用するかということが非常に重要である。

現在使用されているアプリケーターロールの種類には、次の3種類がある。

プレーンロール (plain roll) は、ロールの表面が平滑になっており、梨地加工ロールは、ロールの表面に菱形に細い線の刻みを施したロールであり、グラビアロールは、グラビア印刷と同様に、ロールの表面に一定の深さの凹部を作ったロールである。

それぞれのロールの表面の状態により、糊の転移状態と塗布量の調整精度に差が生じることはいうまでもない。

もう一つ重要なことは、図2－13に示したライダーロールの調整であり、この調整の可否により片面段ボールの段頂は、図2－15に示すような状態になり、それが原因で段潰れや段流れという不整段の発生につながる。

図2－15　ロールの間隔調整の良否

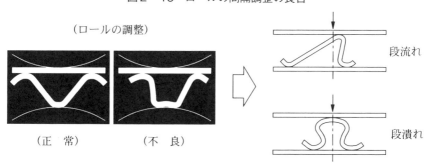

この難問を解決できる新しい技法としてスプリングを利用したソフトタッチのメカニズムが開発され、この装置は図2－16に示す「コンタクトバー」と呼ばれ片面段ボールの段頂をほとんど潰すことなく均一の糊の塗布が行えるようになった。この方式により、糊量の一層の微調整が可能となり、生産性の向上と段ボールの損失厚さの減少が可能となった。

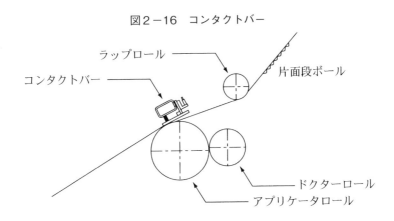

図2－16　コンタクトバー

　グルーマシンで発生しやすい不良の種類と原因について表2－3に示す。

表2－3　グルーマシンで発生する不良の種類と原因

| 不良の種類 | 発 生 原 因 |
|---|---|
| 段　つ　ぶ　れ | ① ライダーロールと糊ロールの間隙不良 |
| 段　ゆ　が　み | ① ライダーロールと糊ロールが平行でない |
| 片ゆるみ（波打ち） | ① マシン自体の平行が出ていない<br>② ライダーロールと糊ロールの平行が出ていない<br>③ シングルフェーサでのライナの水分ムラから生ずる片面段ボール自体の両耳の伸びの差 |
| 接　着　不　良 | ① 接着剤の粘度の不適<br>② 糊ダマによる糊ロール上の転移不良<br>③ 糊ロールとドクターロールの不平行 |

## (2) ヒーティングセクション (Heating section)

　ヒーティングセクションは、図2－17に示すようにグルーマシンで片面段ボールの段頂に転移された糊を糊化させ、さらに、貼合された段ボール中に含まれている接着剤の水分を気化し蒸発させるために必要な熱源を供給する熱盤(heat-plate)の一群と、その上を走行するキャンバスベルトに荷重を与え、常に確実な接着を完結させるために設けられたアイドラーロール（または、バラストロール、ウェイトロール）がベルトの上に乗せられてある一連の機構によって構成されている。

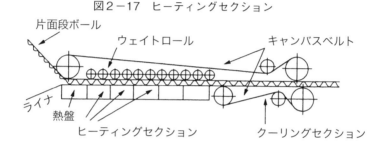

図2－17　ヒーティングセクション

　熱盤には常に蒸気が注入されているので、蒸気圧や温度変化に対してよじれることがなく、また、自重によるたわみを考慮して肉厚の鋳鉄で作られている。

熱盤の熱伝導効率について、貼合スピード180m／分で両面Aフルート及び複両面BAフルートを貼合した場合の段ボール各部分への温度分布を実測によって求めてみると、図2－18に示す通りであり、原紙及び空気層が伝熱性を阻害していることがわかる。

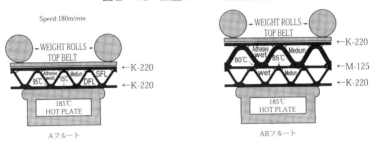

図2－18　熱盤における温度分布

　ヒーティングセクションの長さは、コルゲータの公称能力およびプレヒータの有無、その他の付帯設備によって決定されるが、標準的な仕様は表2－4に示す通りである。

表2－4　公称能力とヒーティングセクションおよびクーリングセクションの長さの関係

| コルゲートマシンの公称能力<br>(両面段ボール第2種貼合速度基準) | ヒーティングセクションの長さ | クーリングセクションの長さ |
|---|---|---|
| 90～100m／分（プレヒータ無） | 10.5m | 9.65m |
| 105～120m／分（プレヒータ付） | 10.5 | 9.65 |
| 130～135m／分（プレヒータ付） | 10.5 | 12.0 |
| 150m／分（プレヒータ付） | 13.8 | 14.0 |
| 200m／分<br>（プレヒータ他大直径ドライブプーリー） | 14.0 | 14.2 |

　ヒーティングセクションは、その長さに応じて普通3～4群に分割され、貼

合を行う段ボールの種類、速度に応じて各群に供給する蒸気量を調節することができるような機構になっている。

(3) クーリングセクション (Cooling section)
　クーリングセクションは、図2-19に示すようにヒーティングセクションに続く部門であり、この部門の果たす役割は、ヒーティングセクションで接着が終了し、まだ加熱、加湿した状態にある段ボールに「ソリ」が発生しないように上下のベルトおよび上下一対のアイドラーロールの間にはさみ、ニップ圧を加えて自然に放熱、放湿を行い、さらに次のカッタでの切断長さに狂いが発生しないように確実に搬送することである。

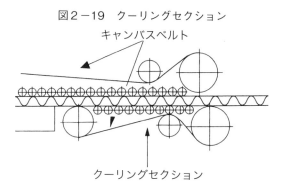

図2-19　クーリングセクション

ダブルバッカで発生しやすい不良の種類と原因について示すと表2－5の通りである。

表2－5　ダブルバッカにおける不良の種類と原因

| 不良の種類 | 発　生　原　因 |
|---|---|
| 接　着　不　良 | ① 放熱不良<br>② ライナのブレーキ過剰<br>③ アイドラーロール、ベルト持ち上げ機械の不完全降下 |
| 段　つ　ぶ　れ | ① アイドラーロールニップ圧過剰<br>② アイドラーロール不平行、ガタ<br>③ ベルトの汚損<br>④ ヒートプレート面の汚損<br>⑤ ベルトのオーバーラップ |
| 耳　ず　れ | ① ライナの装填位置ズレ<br>② 巻き取りの形状不良<br>③ 片面段ボールの走行位置不定 (サイドゲージのセット忘れ) |
| ライナ傷つき | ① ペーパーロールの汚損<br>② ヒートプレート表面の汚損 |
| 切断長さの不安定 | ① ブリッジ上の片面段ボールの抵抗過大<br>② ライナのブレーキ過剰<br>③ 上部ベルトの緊張不足<br>④ 下部ベルトの緊張不足<br>⑤ 主伝動プーリーの滑り止め剥離 |

## 4.2.3　カッタ (Cutter)

　カッタは、図2－20に示すようにダブルバッカで貼合された段ボールを所定の長さに切断する部分であるが、0201形の箱を作る場合には、カッタに入る直前にスリッタースコアラというセクションを通り、そこで横方向の罫線（スコア）を入れ、所定の幅寸法に連続的に切断した状態でカッタ部へと送りこまれてくるのが普通であるが、ボックス専業メーカーへ販売する場合は紙幅を所定の長さで切断する全板と呼ばれるものもある。

図2-20 カッタ

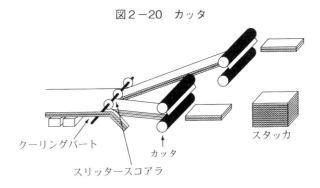

　カッタは、ダブルバッカと共通軸で連続されているために、原理的には、貼合速度と相対的にナイフシリンダの回転速度を変えると切断寸法は変わることになる。
　この変速機構としては、一般的によく知られているリーブス変速機構が使用されている。
　しかし、ナイフシリンダの回転数を変えるだけで、走行する段ボールの速度とナイフの速度が合致しないために切断面がはがされてしまう、すなわちナイフシリンダの回転には、切断時に常に段ボールの走行速度と合致させうるような不等速運動を与えなければならない。
　このように、カッタの構造は非常に複雑であり、重要な部分であるといえる。
　なぜならば、段ボールの切断長さが不正確ならば必然的にロスの増加につながるからである。

## 4.2.4　スリッタースコアラの果たす役割

　コルゲータについているスリッターは、現在は問題なく稼働しているが、昭和40年頃までは全く稼働していなかった。
　昭和30年代の段ボール産業は飛躍的な伸長率を示し始めたが、生産量は少なく、ちなみに1965年（昭和40年）の年間生産量は24.2億㎡程度で、一般市場では見渡す限り木箱が占めていた。

そしてコルゲータには、スリッタースコアラ装置は備えられていたが全く使用されておらず、貼合された段ボールは紙幅のまま所定の長さに切断されてカッタ先に出てきた。

　当時のコルゲータの幅は1600mmが主体であったとはいえ2～3㎡くらいの大きさがあり、それに加え反りが多発していたため、10枚くらいを単位に反転してパレットへ積み上げ製箱工程へ送られていた。

　この作業はかなりな重労働であり、当時流行していた3K（きつい、きたない、きけん）産業ではないか、とささやかれていたこともあった。

　ちなみに、私が初めて渡米したのは1963年（昭和38年）春であったが、訪問した10ほどの段ボール工場では、既に全て順調にスリッタースコアラが稼働していたのを見て驚嘆し、帰国後すぐ実用化に取り組んだ。

　実用化に当たっては数々の問題に遭遇したが、最も難題となったのはダブル側のスリット部分の数mmに接着剥離が発生することであり、特にこの現象は複両面段ボールに顕著に発生した。

　この現象は、まだ接着が完結していない状態のうちにスリット刃の圧力によって生ずるもので、接着剤の改善により解決を図った。

## 5　段ボールの接着

　段ボールが構造体を形成するには、どうしても接着剤が必要であることは説明するまでもないことである。

　そして、接着剤は、段ボールを作る場合の生産性はもちろんのこと、できあがった段ボールの品質にも大きな影響をもたらす、きわめて重要な役割を果しているといえる。

　そこで、ここに段ボール用接着剤の歴史を振り返ってみたい。

### 5.1　段ボール用接着剤の歴史
　段ボール用接着剤の歴史をひも解いてみると、硅酸ソーダ（silicate soda）

に始まる。

硅酸ソーダは、水ガラスとも呼ばれ、非常に粘稠な液体で、一般にその性質はシリカ ($SiO_2$) と酸化ソーダ ($Na_2O$) とのモル比によって変化するが、普通は 3：1 から 4：1 のモル比のものが多用されてきた。

硅酸ソーダで貼合した段ボールは、澱粉を用いて貼合した段ボールよりもいくつかの優れた点があった。

たとえば、箱の圧縮強さが強いとか、グルーラインの形成するショルダーは、澱粉のそれに比較すると水に抵抗性があるといわれてきた。

しかし、その致命的な欠陥は、「アルカリスティン」(alkali stain) と呼ばれる現象が段ボールの表面に発生し、印刷面を汚染し段ボール箱の商品価値を著しく低下させることにあった。

アルカリスティン発生のメカニズムは、硅酸ソーダが吸湿して加水分解し、アルカリ分が分離してライナやインキを変質させてしまう。

ことに日本の高湿度の気象条件は、この化学変化を促進させることになる。

このような致命的ともいえる欠陥の改善は、硅酸ソーダそのものの改質はもちろんのこと、さらに新しい接着剤の出現へと向けられてきた。

この要望は、段ボールの生産性の向上という点からも次第に高まってきた。

そして、SCP 中しんの開発とクラフトライナの出現によって最高点に達した。

なぜならば、稲ワラを主原料として作られてきた黄中しん時代に終わりを告げ、新しい材料による高速、広幅化へのスタートを切ったといえる。

1956 年（昭和31年）に初めて澱粉が段ボール接着剤として導入され、現在の段ボール工業発展の足掛りを作った。

当時、アメリカではスタインホール (Stein Hall) 社が澱粉を段ボール用接着剤として使用するパテントを取得していたが、1950 年（昭和25年）には既に完全に実用化されていた。

わが国は、その高度な澱粉接着剤の製造技法に目をつけ 1956 年（昭和31年）に当時の段ボール協会（コルゲータ 130 台、片面機 240 台）が米国のスタインホール社の工業特許権を買収し、各段ボールメーカーの生産量に応じてパテン

ト料を支払う方式が採られた。

　いわゆるスタインホール方式による優れた澱粉糊の製造方式のメカニズムは、世界の段ボール工業発展に多大の足跡を残したといえる。

## 5.2　澱　粉 (Starch)

　澱粉は、植物体内で炭酸ガス ($CO_2$)、水 ($H_2O$) および光エネルギーによって作られる高分子物質で、この反応を一般的に光合成と呼んでいる。

　植物は、澱粉を一時的な消費物質とするときもあるが、主として次代の幼植物が成長して葉緑素が形成され、光合成が完全に行われる栄養源として貯蔵されるものである。

　従って、植物体内に澱粉は各所で散見されるが、その大部分は種子または根径に存在する。

　各種の澱粉を分類すると次の通りである。

　また、純粋の澱粉と化学的処理をした澱粉とは次の通り分類される。

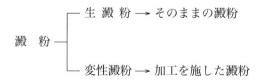

　次頁にそれぞれの澱粉の特色について述べる。

第2章　段ボール

## 5.2.1　澱粉の種類

### (1) 地上澱粉 (Cereal starch)

　トウモロコシ (corn)、小麦 (wheat) などのように種子から採取した澱粉であり、現在、コーンスターチが段ボール用接着剤として世界的に多用されている。

　主産地は、トウモロコシがアメリカ、南アフリカであり、小麦はカナダ、エジプト、オーストラリアである。わが国では穀粒を輸入し、蛋白質その他の不純物を取り除いて製品化している。

### (2) 地下澱粉 (Root starch)

　馬鈴薯 (potato)、甘薯 (sweet potato) などのように根から採取した澱粉であり、国内でも生産されているが、段ボール用接着剤としては、品質にバラツキが多く性能的に地上澱粉に比較して劣るので、現在、段ボール用接着剤としてはほとんど使用されていない。

### (3) 変性澱粉 (Modified starch)

　変性澱粉または化工澱粉とも呼び、普通澱粉 (raw starch) に粘度、溶解性、透明性、ゲルの性質、糊化温度などを用途、必要性に応じて改良するために、物理的または化学的な処理を施して作った澱粉の総称である。

　コルゲータの高速化が進むに従って、この種の各種変性澱粉の研究が進み、高濃度、低粘度で曳糸性の少ない変性澱粉の使用が高まりつつある。

## 5.2.2　澱粉の構造

　トウモロコシ粒は、乾燥重量当たりだいたい次のような組成を持っている。

　　　　澱粉および炭水化物　…………………80.8%

　　　　蛋白質　………………………………10.7%

　　　　油脂分　………………………………　4.5%

　　　　繊維質　………………………………　2.5%

　　　　鉱物質　………………………………　1.5%

　他の澱粉の組成もだいたいよく似ており、澱粉原料は、一般的に80%前後の澱粉質を含んでいると考えてよい。

そして、澱粉質以外の不純物は、澱粉製造工程中にほとんど除外され、澱粉質は乾燥重量当たり99％以上になる。

澱粉を酸、たとえば２〜５％の重量濃度の塩酸（HCℓ）で加水分解すると、ブドウ糖（glucose）のみが得られ、澱粉であることがわかる。

従って、澱粉の分子式は（$C_6H_{12}O_5$）nで表わされ、これを化学構造式で表すと図２−21に示す通りである。

図２−21　澱粉の化学構造式

## 5.3　スタインホール（Stein Hall）方式

スタインホール方式とは、澱粉をベースとした段ボール用接着剤の調整方式のことであり、米国のStein Hall & Co. が取得した３つのパテントから成っている。

わが国では、既述したように1956年（昭和31年）に全段連がこの特許を譲り受け、段ボールメーカーが生産した段ボールの数量に応じて特許料を支払うという形式をとって実用化された。

スタインホール方式（以下、S-H方式と略す）の３つのパテントの特徴は、次に示す通りである。

このなかでも接着剤の配合、すなわち、澱粉撹拌物質を巧みに利用した接着方式におけるアイデアは素晴らしい。

一般の澱粉接着剤は、接着内部の溶剤（この場合は水）を蒸発して接着が終了するいわゆる溶剤蒸発型に属するが、S-H方式における接着方式は単なる溶剤蒸発型ではなく、接着過程の途中で澱粉の膨潤破壊という物理科学的な因子が加味されており、この方式の核心はここにあるといえる。

### 5.3.1 スタインホール方式の基本

S-H方式の基本配合は、澱粉、水、苛性ソーダの3つの要素から成り、次のような形式となる。

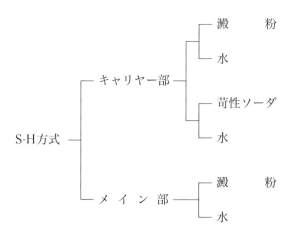

普通、この他に硼砂（borax）も一要素として入るが、根本的なものではないので除いた。

この配合による糊液は、原則としてキャリヤー部とメイン部とを別々のタンクに仕込んで作るのでTwo tank方式と呼ばれている。

そこでキャリヤー部とメイン部について述べる。

## (1) キャリヤー部（Carrier part）

　糊液のキャリヤーという意味では、日本語では運搬人とか媒介者ということで、ここでは、メイン部の澱粉粒子を正しい接着位置まで運ぶことを最大の役目としていることから、このように呼称される。

　キャリヤー部は、苛性ソーダによって完全に糊化されており、メイン部との関連においてきわめて重要な役割を果たすので、以下具体的にあげてみよう。

　第1に、糊液の粘度を安定状態に保たせることである。

　ある一定の粘度がなければ、メイン部の澱粉を均一に懸濁することができないので、糊ロールに糊液がうまく上がらない。

　第2に、糊液がライナあるいは中しんに吸収されるようにコントロールすることである。

　第3に、メイン澱粉が完全に膨潤するのに必要な水分をキャリヤー部が充分保持することである。

　第4に、キャリヤー中の苛性ソーダは、メイン澱粉の糊化温度を低下させるだけでなく、被接着部である紙質中への浸透を助ける。

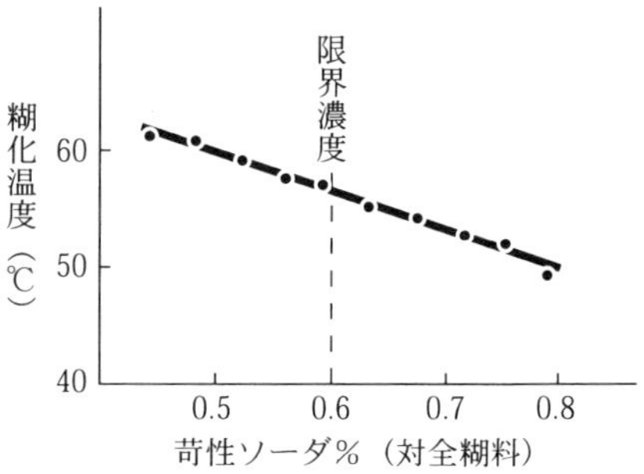

　図2-22に苛性ソーダの使用量による糊化温度が低下しているということは、メイン澱粉の膨潤がすでにミクロ的に開始されていると考えるべきであり、大体0.6%が限界であり、それ以上になると糊液粘度の上昇が始まるという危険性がある。

図2-22　苛性ソーダ量による糊化温度の変化

## (2) メイン部（Main part）

　メイン部の役割は、最終的に段ボールの接着を完結させるものであり、メイン澱粉がキャリヤー部の助けを借りて完全に糊化が終わったときにその効果を

発揮する。

　メイン部の澱粉は、生澱粉のままであれば糊化温度が比較的高く60℃以上であり、熱板から受ける熱量では完全に糊化するのは難しいので、スピードを落とさなければならないために、前述のようにキャリアー部の苛性ソーダを機能的に活用することによって、可能なだけ低い温度で糊化できるようにしておくことが必要である。

　しかし、実際には、苛性ソーダの使用量を増やしてメイン澱粉の糊化温度を下げると、糊化するための加熱温度は低くてすみ、段ボールの貼合スピードは上昇させることができるが、糊液自体にいろいろなトラブルが発生しやすくなる。

　たとえば、糊バット内の糊自体、特にシングル側において、プレスロールや段ロールの輻射熱、糊液の対流の良し悪しなどによる部分的な温度上昇によって糊化が進み、ダマの発生が多くなる傾向を示し、作業上に支障をもたらすことになる。


## 5.4　製糊装置 (Henry-Pratt)

　Stein Hall社がS-H方式を考案したとき、米国のHenry-Pratt社と協同でS-H方式に適した澱粉糊調整装置を開発しており、現在世界的に使用されているので、その概略を詳述する。

　Henry-Pratt製糊装置の概要は図2－23に示す通りであるが、1バッチの製糊能力は333ガロン（1,500ℓ）と666ガロン（3,000ℓ）の2種類があり、第2撹拌タンク（メインタンク）の容量を示している。

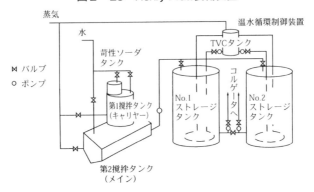

図2−23　Henry-Pratt製糊装置

　この装置の特徴は、製糊時に蒸気による加熱をするだけでなく、ストレージタンク内に温水循環制御装置が設けられており、コルゲータに送られる糊液の温度を常に恒温に保つので、粘度も安定するので良好な貼合ができるように考案されていることである。

　そして、シングル側とダブル側の接着機構、糊化条件に差があるので、それぞれの条件に最も適した糊を作り、貯蔵し、循環しながら使用するので、加熱二重粘度方式とも呼ばれ一般に多用されている。

## 5.5　段ボール接着のメカニズム

　段ボール接着における澱粉糊の接着メカニズムについて述べる。

　澱粉の糊化は一般に図2−24に示すような過程を経て行われる。

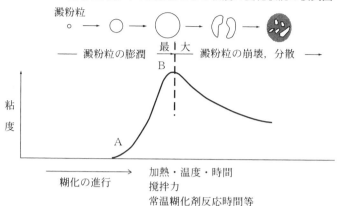

図2－24　澱粉粒糊化時の粒形態および粘度の変化状況の模式図

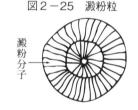

図2－25　澱粉粒

　澱粉は、グルコース（ブドウ糖）が100～10,000個化学的に結合してできた高分子化合物であり、図2－25に示すような澱粉粒を形成しており、その大きさはだいたい2～100μ位である。

　糊化の現象をミクロでとらえると、一つの澱粉粒は、糊化が進むと周囲から水分を吸収して次第にふくらみ、数倍から数十倍に膨潤するといわれているが、この状況は図2－24に示したA点からB点に相当し、B点で最大の大きさに達するが、このときの温度を一般的に糊化終了温度といい、澱粉の種類によって多少の差がある。

　この過程で澱粉糊の粘度は10万倍以上へと急激に上昇するのが大きな特色である。

　そして、さらに温度が上昇すると澱粉粒の崩壊が始まり、次第に小さく分散されてゆき、ライナおよび中しんの内部に浸透して接着が始まる。

　温度がさらに上昇すると澱粉粒が保持していた水分が蒸発し、一部はライナおよび中しんに吸収されることによって初期接着が急速に進んでゆくのである。

　段ボール接着においては、この現象が非常に長い時間内に進み、シングル側

とダブル側では接着の条件が非常に異なる。

　シングル側においては、中しんの段頂に塗布された澱粉接着剤が温度約180℃、線圧約40kgfという条件下で行われるので、接着剤はライナと中しんの内部へ押し込まれてゆくが、一方、余剰の接着剤は成型された中しんの段頂の両側に残った状態で糊化される傾向が強い。これをショルダーと呼んでいる。

## 5.6　段ボール用接着剤としての必要条件

　澱粉糊が段ボール用接着剤としての必要条件の基本は接着性にあることは、ここに説明するまでもないことであるが、その接着性を充分に達成させるための必要条件について以下に示す。

### 5.6.1　倍水率（濃度）（Concentration）

　倍水率とは、糊液における澱粉の濃度のことであり、澱粉の質量と使用する水の質量の比率で、3倍水とか5倍水と呼んでいる。

　一般に、段ボールの貼合スピードを上げるには倍水率を下げて、糊化する場合の水の蒸発量を少なくしてやるほうがよいことはいうまでもない。

　また、ソリの問題を考えるとやはり、できるかぎりのライナおよび中しんに与える水分量を少なくしたほうがよいことになるので低倍水の糊を少量使うのが良い。

　このように、段ボールの製造における糊の倍水率は、生産性はもちろんのこと、品質にも少なからず影響を及ぼすので慎重に決定しなければならない。

### 5.6.2　粘　度（Viscosity）

　糊液の粘度は、段ボールの貼合における最も重要な要素の一つである。

　ここで注意すべき点は、粘度が高いと濃度が濃く、逆に濃度が低いと濃度が淡いと勘違いする場合が多いということである。

　粘度は、それぞれのコルゲータの能力に応じた最適条件で決定すべきである。

　最適粘度が決まれば、次にいかにその決められた粘度を保持するかというこ

とが必要である。

　安定した糊液の粘度は、成型された中しんの段頂に常に一定の糊液を供給することが可能であり、安定した接着状態の段ボールが生産できることは間違いない。

　このような理由から、高速コルゲータほど粘度を低めに安定させて使用するのが賢明であるといえる。

### 5.6.3　曳糸性 (Spinnability)

　曳糸性とは、糊液の粘性の一種であり、糊液を糊ロールから中しんの段頂に移転させる際の糊液の状態である。

　曳糸性が高い、すなわち糊液の糸引き性が強いと、糊ロールから中しんの段頂への糊の移行が完全に行われないので、糊ロールにとられてしまうことになる。

　このような特性が強いと、糊の使用量のコントロールがやりにくくなり、糊の使用量が不安定になる恐れがある。

### 5.7　段ボール接着の確認

　段ボールの接着がうまく行われたかどうかという内部的な確認について、どのように行うべきかという事項を述べる。

### 5.7.1　ゲル化 (Gelatinization)

　一般に、ゲル化とは澱粉の糊化温度のことであるが、ある一定の温度以上に加熱された澱粉溶液を冷却するとゲル状の物質となるからである。

　図2－26に、澱粉水溶液を糊化温度以上に加熱し、それから同じ速度で冷却した場合の粘度曲線を示した。

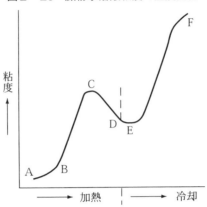

図2-26 澱粉水溶液粘度の温度変化

　Aにおいて加熱を開始し、B点で糊化を始め、C点で完全に糊化し、以後D点まで加熱を続ける。
　ここまで粘度が低下するのは、澱粉分子が破壊され始めたことを示している。D点から冷却を始めると、粘度はまた急上昇し、ついにはゲル化、凝固し寒天状となる。
　段ボールの接着において、使用した澱粉に全てゲル化が行われていればよいが、ゲル化が行われていない場合には、当然のこととして接着強さは著しく低い値を示し、場合によっては接着剤を塗布した部分に白色の状態のままの澱粉を肉眼で観察することも稀にある。
　正確には偏光顕微鏡を用いれば、未糊化の澱粉粒を結晶として容易に捉えることが出来る。
　このような現象が表われる原因としては、コルゲータにおける熱量不足か、澱粉糊の製造工程または配合に問題があることが多いので、充分な注意が必要である。

## 5.7.2　ヨウ素呈色反応
　ヨードが澱粉と反応して青紫色を呈する反応は古くから知られており、ヨー

ド分子がブドウ糖鎖の螺旋の間に取り込まれ、螺旋の1巻について分子のヨードが結合することによって起きるが、その反応の状況を図2－27に示す。

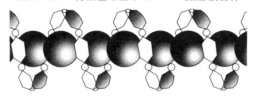

図2－27　青紫色を呈するヨード澱粉複合体

　この反応を行わせるためには、ヨウ素溶液は、ヨウ化カリ（KI）2ｇを5ccの水に溶かし、その中にヨウ素（Ｉ）1.3ｇを加えて完全に溶解させる。そして、最後に水を加えて全量が100ccになるようにする。
　ヨウ素ヨウ化カリ溶液中のヨウ素は澱粉と複合体をつくりアミロースとアミロペクチンの含水量比によって呈色は青色から赤色まで変化する。
　図2－28に段ボールのグルーラインをヨウ素ヨウ化カリ液で呈色した状態を示した。
　ヨウ素呈色反応によるグルーラインのチェックは、段ボール製造工程上きわめて重要であり、定期的に実施する必要がある。

図2－28　ヨウ素の呈色反応

## 5.7.3　接着性の確認

　段ボールが構造体としての体面を保つためには、適正な接着が行われていなければならない。
　段ボールの接着の良否は、最終的には接着強さを測定することによって決定されるが、工程管理上のチェックがきわめて重要である。

一般に行われている接着性の確認方法は、ティックアップコンベア及びカッタ終了直後に剥離してみて、ライナまたは中しんのいずれかに原紙の破壊現象が表われるかどうかによって判断している。

　澱粉糊の接着は、カッタ直後でまだ完全に終了していないが、この時点で段ボールは60℃前後の湿度を保っているので、そのままの状態で段ボールを積み上げておけば接着はさらに進むので、段ボールが冷却されて常温に戻るまでには、接着は完結すると考えてよい。

　接着完了後の接着状態の確認については、定期的に行う必要があり、測定方法についてはJIS Z 0402「段ボール接着力試験方法」に規定されているが、その詳細は6.2に示す。

　段ボールが構造体としての形態を保てるか否かは接着の適否にかかっており、少なくとも段ボールメーカーとしてはそれを保証する責任がある。

　適正な接着管理体制こそユーザーの信頼を高めるだけでなく、コストダウンへの途を切り開くに違いない。

　また、ユーザーの立場からこの点を詳細に観察すれば段ボールメーカーの製造技術水準を察知することが出来る。

## 5.8　段ボール製造における接着技術を向上させるための一考察

　良い段ボール箱を作るのには、良い段ボールを使用することが絶対的必要条件といえる。

　では、良い段ボール作るのに一番大事なことは何かといえば、接着技術であるといえる。

　段ボールの接着の特色は、一般の接着と異なり強いほど良いというわけではなく、段の構造をできるだけ崩さないで完結させなければならない。

　しかし、オペレーターは接着が剥がれないようにしたいという考えが優先し、接着剤の使用量を多めにする傾向が強いが、その結果は過剰な糊が中しん段頂付近とライナに飛散し接着にはほとんど寄与せず、段頂付近の水分が多くなるので段ボールの厚さが減少し反りが発生しやすくなるという品質に悪影響を招

- 74 -

くため、オペレーターは常に適正な糊の使用量を追求しなければならない。

では、適正な糊の使用量とはどれくらいかといえば、使用する糊の配合条件もよるが、Ａフルート段ボールで計量的には澱粉５ｇ台／㎡、定性的には糊幅1.5㎜くらいといえる。

### 5.8.1　糊の使用量を減少させる効果的な一考察

糊の使用量を少なくする方法については幾つかあると思うが、すぐに簡単にできる一例を紹介してみたい。

まず、コルゲータの責任者が適当な大きさに切断した段ボールを、あらかじめ用意した洗面器のぬるま湯に入れて剥離し、本書５.７.２に示したヨウ素呈色反応法の理論により、使用した糊がどのような状態でついているかをよく観察し、コルゲータのオペレーター全員でその状態を確認して皆の意見を出し合うと効果が上がる。

この会議は定期的に行い、必ずコルゲータのオペレーター全員のほか製糊係、ボイラーマンも含めた参加がないと成果は上がらない。

さらに、この会議で毎月の段ボール生産量と澱粉使用量を確認し、Ａフルート換算で何グラム澱粉が使用されたかを会議の時に発表することも効果的である。

## 6　段ボールの基礎物性

段ボールの本質的な特性をよく理解しなければ、良い段ボール包装設計はできない。それでは、一体、段ボールの基本物性とは何か、構造体としての強度を正常に発揮するには、少なくとも次に示す基礎物性について正しい評価が必要である。

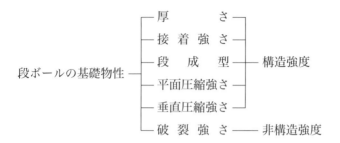

以下にこれらの段ボールの構造を支える基本強度について述べる。

## 6.1 厚さ(Thickness)

　段ボールが構造体としての威厳を保つための根幹は、厚さにあると言える。段ボールの厚さを構成する基準は明確であり、段ロールの高さと使用する原紙の厚さの和である。

　従って、厚さの計算方法については、図2−29に示す通りであるが、実際には、理論上の値よりも少し小さくなる。

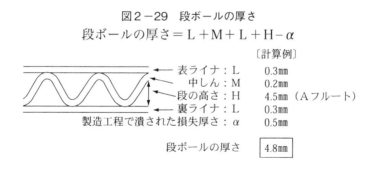

図2−29　段ボールの厚さ

この厚さの損失をいかに少なくするかが、良い段ボール箱を作る道へとつながることであり、段ボールメーカーの品質管理の第一歩であり、終点ともなる。

## 6.2 接着強さ（Adohession strength）

　段ボールの接着の良否は、段ボールの構造が正確に再現できるか否かを表す大切なインジケーターといえる。従って、段ボールの構造強度に全て関連性をもつことになるので重要視され、アメリカではこの試験法をPin Adoheasion Testと呼んでおり世界的に採用されている。

　わが国では、JIS Z 0402「段ボール接着力試験方法」に規定されているが、その概要は図2－30に示すように規定の寸法に正確に切断した試料に鋼鉄製のピンを差し込んで平行圧を加えて接着力を測定する。

　それでは、段ボールの接着強さは、どれ位あれば実用上問題ないかということになるが、現状の物流実態から推察すると、Aフルートで177N以上、Bフルート226N以上と推定される。

　また、この試験法の特性から、剥離試験的傾向になるので、ライナが厚くなるほど、剛性が強くなるので、接着強さは強くなる傾向を示す。

　また、接着のクレームの発生原因については、次にあげる事項に基因することが多い。

　(1) 接着剤自体に欠陥がある場合

　(2) 製糊上のミスによって糊液の粘度が不安定になった場合

　(3) 製糊時の配合ミスによって所定の糊ができない場合

　(4) 夏場など高温・湿のため糊の腐敗による粘度ダウン

　(5) ライナまたは中しんの含水分に基因する場合

　(6) 糊の使用量が少なすぎた場合

　(7) 貼合スピードの変化に応じた糊量のコントロールミス

図2-30　段ボール接着強さの測定

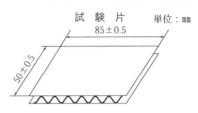

試　験　片　　単位：mm

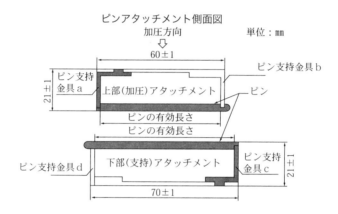

ピンアタッチメント側面図

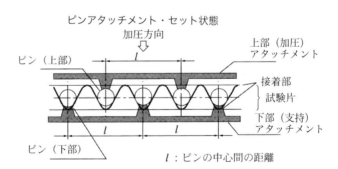

ピンアタッチメント・セット状態

$l$：ピンの中心間の距離

試験終了時の状態

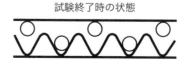

## 6.3 段成型 (Corrugation)

　段ボール製造時に段ボール厚さが失われる要因はいくつかあるが、図2－31に示す、既述した段潰れや段流れが主体であるが、フィンガータイプのシングルフェーサに発生しやすいハイ・ロー（段が低く接着しない部分が発生する現象）があり、これらを総称して不整段と呼んでいる。

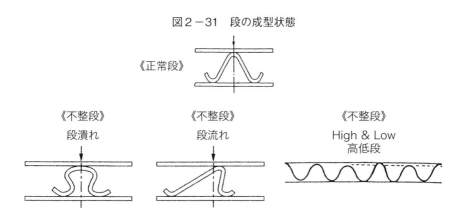

図2－31　段の成型状態

　これらの構造破壊を起こす悪現象は、基本的に貼合工程における管理体勢の不備によって発生するので十分注意しなければならない。
　不整段のチェックは鋭利なカッターナイフで段ボールの表面を十文字状に切断すれば容易に確認できるので入念な検査を実施しなければならない。

## 6.4　平面圧縮強さ (Flat crush strengh)

　上記の問題をさらに科学的に究明する方法として平面圧縮強さ試験がある。この試験の目的は、段ボールの段の硬さを評価するもので、次の二項目によって確認出来る。

平面圧縮強度 ─┬─ 中しん自身の品質の良否
　　　　　　└─ 段成型技術の良否

　この試験方法については、JIS Z 0401「段ボール圧縮試験方法」に規定されているが、その概要について説明すると、まず、図2－32に示す3種類の円形に段を潰さないようにサークルカッタで切り抜いた試験片を圧縮試験機で毎分12.5±2.5mmの速度で加圧して測定する。この試験における段圧壊の経緯は、図2－33に示す通りであり、正確な段成型の重要さを認識することが出来る。
　平面圧縮強さは、フルートの種類によって異なり、同一中しんで比較してみ

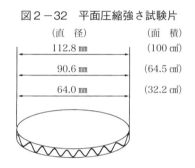

図2－32　平面圧縮強さ試験片

| （直 径） | （面 積） |
|---|---|
| 112.8 mm | (100 cm²) |
| 90.6 mm | (64.5 cm²) |
| 64.0 mm | (32.2 cm²) |

図2－33　平面圧縮強さ測定中の中しんの変形

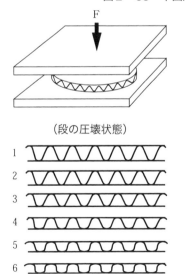
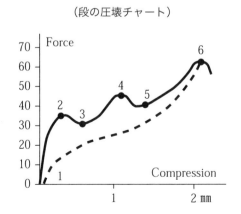

- 80 -

ると、Aフルートを100として指数で表すとBフルートは150、Cフルートは120位であり、硬さに歴然とした差が認められる。

一般に、段ボールの平面圧縮強さが弱い原因としては、次にあげる事項に基因することが多い。

① 中しん自身が本質的に弱い場合
② 段ボールの含水分が多い場合
③ 段成型が悪い場合
④ 段をなんらかの原因で潰した場合

## 6.5 垂直圧縮強さ (Edge crush strengh)

垂直圧縮強さは、記述した原紙の繊維配向性と段ボールのフルート構造との競合であり、段ボールの構造特性の優秀性を確認できる重要な物質といえる。

もちろん、厚さや平面圧縮強とも強い関連性をもつことは言うまでもないことである。

図2-34に、原紙の繊維配向と段ボールのフルート方向との関連性について明示したが、段ボールの製造工程上、原紙は一番弱いヨコ方向に使わなければならないという宿命になっている。

垂直圧縮強さの試験方法は、平面圧縮強さ試験方法と同じJIS Z 0401「段ボールの圧縮強さ試験方法」に規定されているが、その概要について説明すると、まず、図2-35に示す2種類の形状の異なる試験片を作り圧縮試験機で毎分12.5±2.5㎜の速度で加圧して測定する。

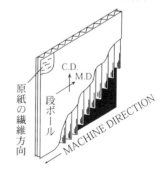

図2-34　原紙の繊維方向とフルートの方向

図2-35　垂直圧縮強さ試験用試験片

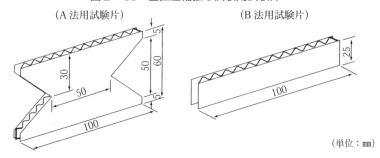

これらの試験片は、図2-36に示す試験片支持具で支えて荷重をかけて行う。

図2-36　試験片支持具

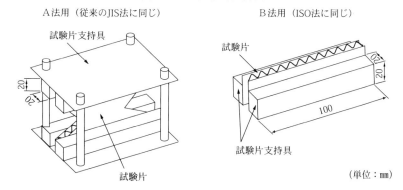

　この試験のキーポイントは、試験片作成の際の平行度であり、加圧面の平行度は1／1,000以内の精度が要求されるので、特殊なカッタが必要である。また、試験片の形状の違いによる測定結果を比較してみると、ほとんど差がないことを確認しているので、いずれを選んでも心配ないが、いずれISOの規格であるB法用試験片に統一されることになる。

　また、原紙の繊維配向と段ボールの方向性について圧縮試験によって比較してみると、図2-37に示すようになり、最も弱い方向に原紙を使用しているにもかかわらず、段ボールに作りあげると最も強くなり、ここに段ボールの構造的な偉力を知ることが出来る。

図2−37 原紙と段ボールの圧縮強度比較

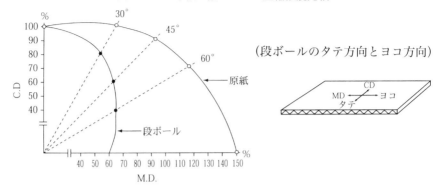

## 6.5.1 垂直圧縮強さ規格化の必要性

　垂直圧縮強さは、段ボール箱の圧縮強さを決定付ける基本的品質になるので、欧米先進国では箱を作るのに使用した段ボールの破裂強さとの双璧として、既に規格値を決めて段ボール品質保証を明確化している。

　最近におけるわが国の段ボールの年間生産量は、中国、アメリカに次いで第3位の生産国であるから、早急に規格値を決めてJIS化し国際的に比肩する必要があるのではないかと思われる。

## 6.6 破裂強さ（Bursting strength）と計算式

　段ボールの破裂強さは、ライナと同様に段ボールの品質評価の重要な尺度として世界的に用いられている。

　段ボールの破裂強さ試験は、既述したライナの破裂試験と原理的には同じであり、JIS P 8131「紙および板紙のミューレン高圧形試験器」に規定されており、その断面図を図2−38に示すが、ライナと異なる点は、段ボールは厚さがあるので、ゴム隔膜が膨張して段ボールを押し上げていった場合に、段ボールの締付圧が甘いと、段ボールが伸びて値が少し高めにでる傾向がある。

図2-38　破裂強さ試験機の断面図

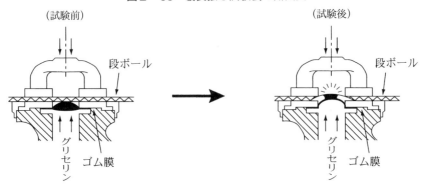

　従って、JIS Z 1516「外装用段ボール」には締付圧力について次のように決めてある。

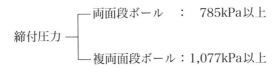

締付圧力 ─┬─ 両面段ボール　：　785kPa以上
　　　　　└─ 複両面段ボール：1,077kPa以上

　この項の冒頭に示したように、段ボールの破裂強さは、非構造強度すなわち加工技術が表われない物性であるから、使用する中しんが115～125ｇ/㎡であれば使用するライナの強さによってほとんど決まってしまい、次式が成立する。

「段ボール破裂強さの計算式」

$$Cb = sL_b + (mL_b) + bL_b$$

[計算例]

|  |  | （両面） | （複両面） |
|---|---|---|---|
| ただし、Cb | ：段ボールの破裂強さ（kPa） | 666kPa | 999kPa |
| $sL_b$ | ：表ライナの破裂強さ（kPa） | 333kPa | 333kPa |
| $(mL_b)$ | ：中ライナの破裂強さ（kPa） | － | 333kPa |
| $bL_b$ | ：裏ライナの破裂強さ（kPa） | 333kPa | 333kPa |

## ６.７　含水分（Moisture content）

　含水分とは、段ボールの持つ水分のことで、厳密な意味では物性とはいえないが、段ボール及び段ボール箱について正しい評価をする上でよく理解していないと間違った品質評価をすることがあるのでここに述べる。

　もともと、段ボールは、その置かれた状況に応じて、水分の吸・排湿が行われるが、相対湿度と含水分との関係は図２－39に示す通りである。

　段ボールの含水分の試験方法は、JIS P 8127「紙の水分試験方法」によって測定するが、試験片の大きさについては、JIS Z 1516「外装用段ボール」に、

　20×20cm以上のサイズで測定するように定められている。

　試験条件としては、105±3℃に一定時間試料を加熱乾燥して恒量になるまで繰り返し、その質量の減量から水分を定量する。

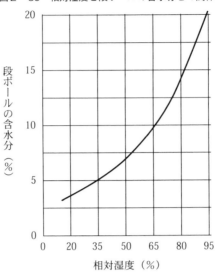

図2-39 相対湿度と段ボールの含水分との関係

M = L／S × 100

　　　　　　　　　　　　　　　　［計算例］
ただし、M：含水分（％）　　　　　9.1％
　　　S：試験片の質量（ｇ）　　　660ｇ
　　　L：乾燥による減量（ｇ）　　 60ｇ

## 6.8 従来単位からSI単位への換算

　従来から使われてきた試験単位から世界共通のSI単位へ換算する場合の換算係数について、段ボール関連の主な試験項目とそれらの換算係数について表3－7に示す。

表3－7　段ボール関連のSI単位への換算表

| 項目 | 従来単位 | 換算係数 | SI単位 |
|---|---|---|---|
| 垂直圧縮強さ | kgf／50mm | ×0.1962 | kN／m |
| | kgf／100mm | ×0.0981 | kN／m |
| 平面圧縮強さ | kgf／32.2cm² | ×3.046 | kPa |
| | kgf／64.5cm² | ×1.521 | kPa |
| | kgf／100cm² | ×0.981 | kPa |
| 接着力強さ | kgf | ×9.81 | N |
| 破裂強さ | kgf／cm² | ×98.1 | kPa |
| 衝撃あなあけ強さ | kgf-cm | ×0.0981 | J |
| けい線折り曲げ強さ | gf | ×9.81 | mN |
| 長　　さ | m | － | m |
| 質　　量 | kg | － | kg |

# 第3章　段ボール箱
## （Corrugated fibre-board box）

　段ボールを所定の寸法に切断し、けい線を入れ、溝切りをして、印刷をし、接合をすると段ボール箱が作られるが、使用される目的によって箱の形式が異なるので製造方法も若干異なる。

## 1　段ボール箱の規格と包装設計の基本

　わが国における段ボール箱の規格は、1950年（昭和25年）に缶詰の輸出用の外装箱として品質が規格化され、「JIS Z 1501」として公布されたのが始まりである。

　規格の内容は、当時は輸出の大半が対米向けであったこともあって、「米国の鉄道輸送規格ルール 41」を当時の日本の使用単位に換算してJIS化したに過ぎなかったため多くの矛盾が生じていった。

　その後、本格的にわが国の物流条件にマッチしたJISが誕生したのは1984年（昭和50年）のことである。

　段ボール技術委員会は、その当時流通していた1,207種類の各種の段ボール箱について1年間かけて、内容品の質量別、箱の寸法別に分別し、その箱に使用されていた段ボールの品質（主として破裂強さ）を解析して関連性を求め「JIS Z 1506　外装用段ボール箱」を完成させた。

　この規格の流底にある思想は、「どれ位の重さ」があり「どれ位の大きさ」の商品を包装するには「どんな品質」の段ボールを選んだら良いかという段ボール箱設計の基本になっている。

## 2　段ボール箱とその特性

段ボール箱の果たす大きな機能は、次の2つに絞られる。

従来の段ボール箱は、内容品を安全に目的地へ届けるという保護機能のみであったが、最近の輸送包装においては、物流商品用バーコードシステムの採用により情報機能も兼備することが出来るようになった。
　また、ミニ段の開発により、個装分野への進出も進み、需要の裾野が広がりつつある。

### 2.1　段ボール箱の分類
　段ボール箱は、使用上、製造上、内容物などの違いによって、以下に示すようにいくつかに分類出来る。

### 2.1.1　使用上からの分類
　段ボール箱は、使用上から次のように分類される。

　これらの内、需要量としては外装用が圧倒的に多いので、次にそれらの概略について述べる。

(1) 個装用段ボール箱（Unitary corrugated fibre-board box）

　個装用段ボール箱は、消費者の手元に渡る最小単位の商品を包装するために用いる段ボール箱で、Eフルート、Fフルート及びGフルート段ボール箱が用いられ、箱の形式やデザイン、さらに印刷方式にもオフセット印刷が本格的に導入され一層の製箱技術レベルの向上が計られた。

(2) 内装用段ボール箱（Interior corrugated fibre-board box）

　内装用段ボール箱とは、この箱で包装された商品がそのままの状態で物流過程に乗せられることはなく、それらの箱が複数にまとめられて、さらに外装箱に詰めてから使用される。

　従って、箱の大きさも小さく、使用する段ボールの品質も低グレードであり、JIS規格もなく、箱の形式も簡単で、構造的にも弱い形式が多用されるのが普通である。

(3) 外装用段ボール箱（Corrugated shipping container）

　外装用段ボール箱とは、いわゆる外装容器の意味であり、この箱で包装された商品は、そのままで物流過程に供せられ、内容物の安全を保証しながら目的地まで届ける役目を果たすのが使命である。

　従って箱の物性についても厳格な規格があり、使用する段ボールの品質についてもJISに規定されている。

　外装用段ボール箱の規格は、JIS Z 1506「外装用段ボール箱」によって、箱の寸法の許容差、接合方法などが規定されており、使用する段ボールの種類や品質についても段ボールのJIS Z 1516「外装用段ボール」との相関関係によって強力に結びつけられている。

2.1.2　製造工程からの分類

　箱を作る工程によって、次のように大別される。

段ボール箱の形式とその製造方法については後述するが、現在輸送包装用の主体は0201形箱である。その理由は、ユーザー側からは構造的に強いことであり、メーカー側からは効率的に作ることが出来るからである。

　従って、段ボール工場の生産工程は、0201形箱を作るのに適したレイアウトが主体になっている。

　しかし、これからは外装箱も単なる保護機能だけでなく、ディスプレイ機能や展示効率機能などの要望が高まりつつあり、従来の0201形箱の製造工程以外にダイカッティング工程の稼働率が高まっている。

### 2.1.3　内容物からの分類

　内容物、特に質量の違いにより使用する段ボールの種類が異なり、大別すると次のように区別出来る。

　これらの区分は、一般的には50kg位までは両面及び複両面段ボールが用いられるが、それ以上の商品の包装にはトリプルウォールが使用され、社会環境条件からそのニーズはますます高まりつつある。

## 3　段ボール箱及び附属類の形式

　段ボール箱にはたくさんの形式があるが、最近、国際的に貨物の移動が激しくなってきたため、世界的な統一が計られつつある。そうするには、コードナンバーで統一すれば国際的に全ての人々が容易に理解でき、必要時にくどくどと長たらしい複雑な説明をする必要がなくなり合理化出来る。

　既に、ヨーロッパ段ボール生産者連合会とファイバーボードケース協会

(FEFCO) によって国際コード表が作られており、世界の先進国がそれを採用し、統一が計られている。

その国際コード表は、基本的には段ボールをどのように組み合わせて作るかということと、製箱上の加工工程について明示しており、その内容は、次に示す通りである。

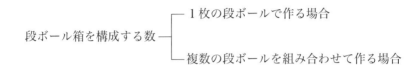

また、箱を作る工程については、次のように定めてある。

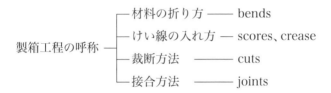

わが国は、その中からわが国で使用されている形式を選んで、JIS Z 1507「段ボール箱の形式」として制定している。この規格は、外装用及び内装用段ボール箱及び附属類について規定しており、国際的に通用するように、4けたのコード番号で示し、上位2けたは個別形式を表すように約束されている。

また、箱、身及びふたの部分を表す呼称及び記号は、表3－1に示す通りである。

表3－1　箱の各部の呼称及び記号

| 呼称 | 記号 箱及び身 | 記号 ふた | 英文名（参考） |
|---|---|---|---|
| 長さ | L | L＋ | length |
| 幅 | W又はB | W＋又はB＋ | width又はbreadth |
| 高さ | H | H＋ | height |
| フラップ | F | F＋ | flap |
| 外フラップ | Fo | Fo＋ | outer flap |
| 内フラップ | Fi | Fi＋ | inner flap |
| 継ぎしろ | J | － | Joint flap |
| 差し込み | f | － | insert flap |

備考　記号＋は、外側又はふた部を表す。

以下に、JIS Z 1507「段ボール箱の形式」に規定されている段ボール箱及び附属類を中心に述べる。

## 3.1　段ボール箱の形式

JISに規定されている段ボール箱及び附属類の形式を集約すると表3－2に示す通りになる。

表3－2　段ボール箱及び附属類の基本形式

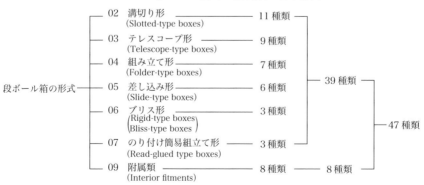

- 94 -

箱の基本形式は02〜07まで計6種類からなり、それぞれにいくつかの個別形式をもつ。

以下に、これらの基本形式の特長について述べる。

### 3.1.1　02形　溝切り形 (Slotted-type boxes)

02形は、世界的にみて外装用段ボール箱を代表する形式であり、ワンピースの段ボールから作られ、フラップがあり、継ぎしろをもっているのが特色である。

この中でも図3-1に示す0201形が世界的に最も多用されており、外装用段ボール箱を代表する形式であるといえる。

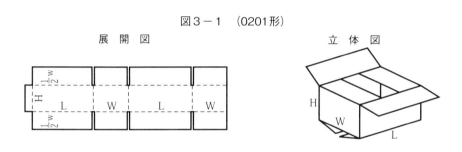

図3-1　（0201形）

0201形は、外フラップが突き合わせになっており、02形の中で段ボールの使用面積が最も少なく、段ボールメーカーの生産性も最も容易であるため経済的であり、箱として構造的に強いので多用されてきた。

また、02形は、フラップの長さをいろいろ変えることによって変形が生じる。02形の特色は、段ボールのフルートがすべて垂直に使用出来るので、構造的にみて箱の圧縮強さが強く、安定した状態にあるといえる。

### 3.1.2　03形　テレスコープ形 (Telescope-type boxes)

03形は、洋服箱や衣装箱によって代表される形式であり、われわれにもなじみが深く、必ず身とふたとからなり、ツーピース以上で構成される。

この中でも図3－2に示す0300形は、かぶせ箱とも呼ばれ、段ボール箱に限らず小さな個装箱にも多用されており、われわれの日常生活の中に浸透している親しみのある形式であり、世界的にTelescope boxと呼ばれる共通の呼称を持っている。

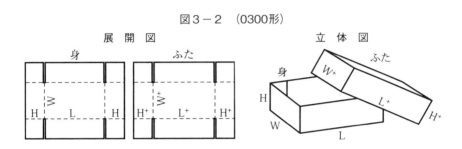

図3－2　（0300形）

　03形の特色は、一般的には、箱を折りたたんで保存ができないという欠陥があるので、多量に使用される外装用としては使用されることが少ない。

　しかし、0320形は、03形の中でも特異であり、ちょうど0201形をかぶせ式にした形式であり、どちらかといえば02形に属するとも考えられる。

　0320形は、わが国ではほとんど使用されていないが、アメリカにおいては、青果物用段ボール箱を代表する形式の一つであるといえるほど多用されている。

　その理由としては、側面が二重になるので外部衝撃や圧縮強さが強いことと、ディスプレイ効果を発揮出来るというのが主な理由である。

　0320形の立体図と展開図を図3－3に示す。

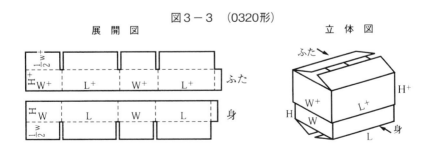

図3－3　（0320形）

- 96 -

### 3.1.3　04形　組立て形 (Folder-type boxes)

　04形は、ワンピースからなり、継ぎしろなしで組み立てて使用出来るのが特色である。

　この形式の中でも、図3－4に示す0401形は郵便小包用として書籍など小物包装に使用される形式である。

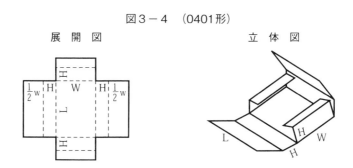

図3－4　(0401形)

　04形の特色は、打抜きによって作成されるものがほとんどを占めており、贈答箱や青果物用のトップオープンタイプのディスプレイ効果をもったものが多い。

### 3.1.4　05形　差し込み形 (Slide-type boxes)

　05形は、基本的には内枠とそれに差し込む外枠とからなっている。

　従って、図3－5に示す0501形が基本になるが、これは単独で使われることはなく、図3－6に示す0504形のように2つの段ボールを組み合わせて箱を形成する。

　05形は、ツーピースまたは2つの構造体を有効に組み合わせて作られるのが構造的な特色であり、そこから各種の変形が生じる。05形の特色は、物性面よりもむしろ経済性に主眼がおかれた構造であり、内装用として使用される理由もここにあるといえる。

図3-5 （0501形）

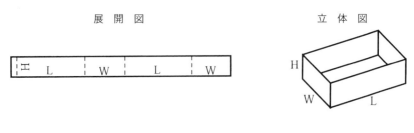

図3-6 （0504形）

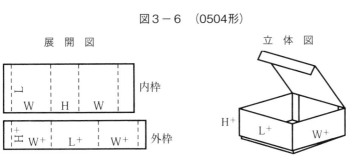

### 3.1.5 06形 ブリス形 (Rigid-type boxes、Bliss-type boxes)

06形は、スリーピースからなり、接合して組み立てられる。この形式の中でも、図3-7に示す0601形は外装箱の代表的な形式として世界中で広く使用されているが、箱を折りたたむことができないのでユーザーで包装ラインに組み込んで箱を作成し使用するのが普通である。

図3-7 （0601形）

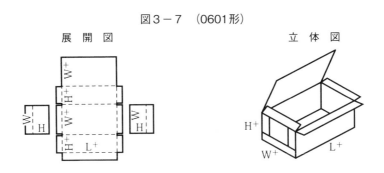

06形は、異なる材質の段ボールを巧みに組み合わせて箱の圧縮強さを調整することが可能であり、構造的にも非常に強く02形に匹敵する。ここに剛直性のある箱として表現している英語の意味が存在するともいえる。

## 3.1.6　07形　のり付け簡易組立て形 (Ready-glued type boxes)

07形は、ワンピースでできており、メーカーで接合して折りたたみ、ユーザーで箱を使用する時に簡単に組み立てて使用することが出来る便利な形式である。この形式の中でも、図3－8に示す0712形を代表的な形式として示す。

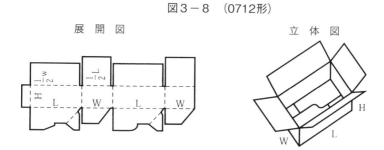

図3－8　(0712形)
展　開　図　　　　　　　　　立　体　図

07形の最大の特色は便利性であって、ユーザーにとっては大いに歓迎される形式といえる。

従って、箱の形状についても一定しておらず、いろいろな形が考えられ、今後もいろいろな形状が開発され増加してゆくに違いない。段ボールメーカーにとっては、そのシステム化が不可欠の条件といえる。

## 3.2　附属類の形式 (Type of interior fitments)

段ボール包装には、包装する商品の特性、形状などにより、場合によっては段ボール箱と共に次に示す機能が要求される。

- 99 -

これらの機能を満たす補助材を総称して附属類と呼んでいるが、段ボールは、これらの機能をかなり広範囲にカバー出来る特性をもっている。もちろん、より高度な機能が要求される場合、或いは、より低コストが求められる場合には、段ボール以外の素材が使用される。

　現在、JISで規定されている附属類は、図3-9に示す8種類に過ぎないが、欧米でオーソライズされている箱の形式は45種類もある。

図3-9　附属類の形式

| コード番号 | 立体図及び名称 | コード番号 | 立体図及び名称 |
|---|---|---|---|
| 0900 | 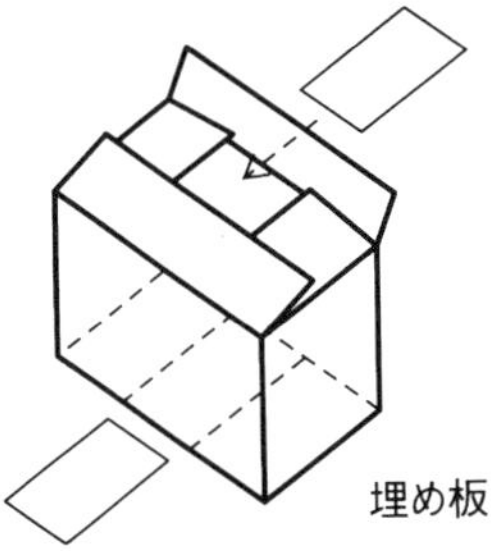 埋め板 | 0904 | 胴　枠 |
| 0901 | パッド | 0933 | 仕切り |
| 0902 | パッド | 0934 | 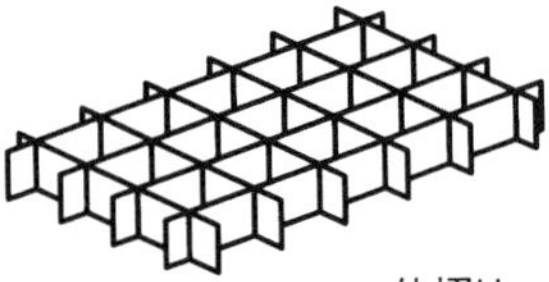 仕切り |
| 0903 | パッド | 0935 | 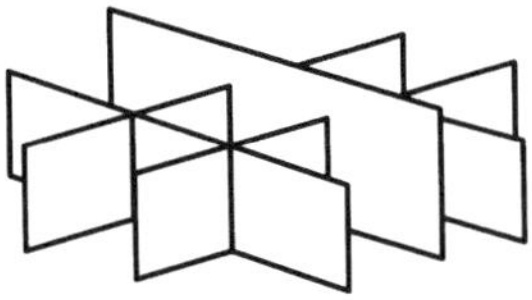 仕切り |

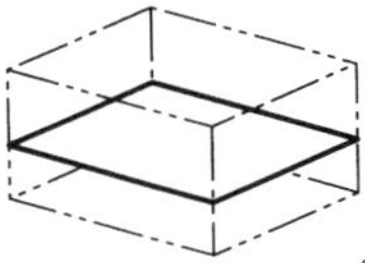

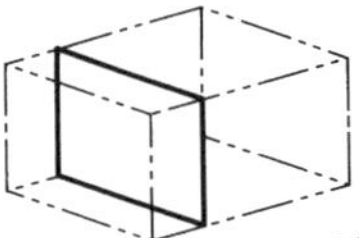

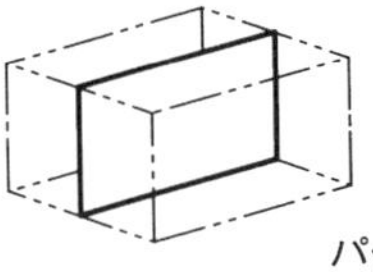

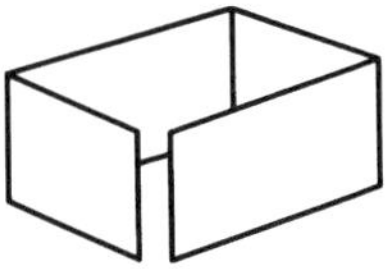

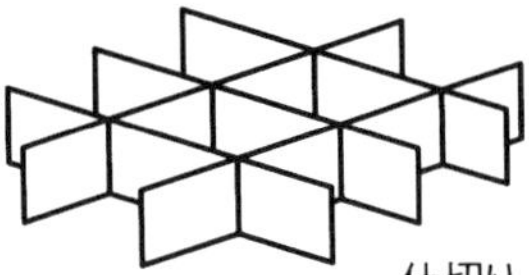

第3章　段ボール箱

## 3.3　コード番号の使い方

　既述した段ボール箱及び附属類について、国際的に互換性をもつコード番号は、今後ますます有効な活用が高まることが予想されるので、実用上の使い方についての２、３の具体例を示す。

### 3.3.1　02形箱の使用例

　例えば、天フラップが突き合せで、底フラップが組込式の場合を想定しての図面表現方法の場合については、図３－10に示すようになる。

　この箱の形式は0201であり、底面のフラップは0215で、グルー接合である。従って、0201／0215（天面フラップ／底面フラップ）・Ｇと表す。

図３－10　02形の使用例

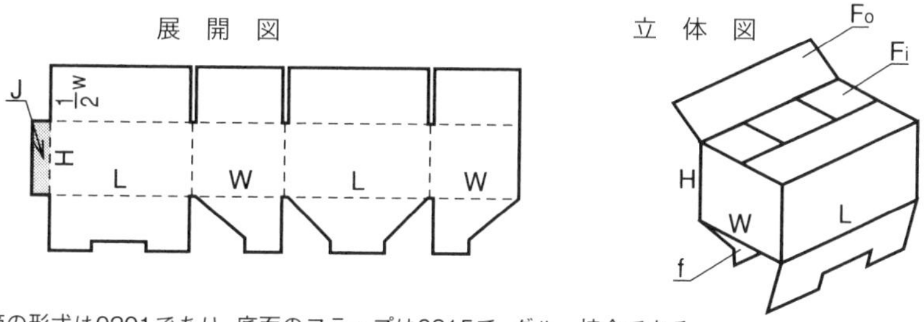

展　開　図　　　　　　　　　　　立　体　図

この箱の形式は0201であり、底面のフラップは0215で、グルー接合である。
したがって、0201/0215（天面フラップ/底面フラップ）・Ｇと表す。

### 3.3.2　03形と仕切り併用の使用例

　この形式は、02形によく似ているが、フラップが片側しかなく、かぶせ式であるので03形に属し、アメリカのオレンジの箱に多用されている形式である。

　この箱に仕切りを併用したい場合の図面表現方法について図３－11に示す。

- 101 -

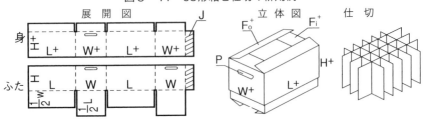

図3−11　03形箱と仕切り併用例

この箱の形式は0320であり、天面のフラップは0209、底面のフラップは0204、平線接合、手掛けあな付きで0933の6×4の仕切りがついている。したがって、箱0320；天面フラップ0209；底面フラップ0204・S・P；仕切り0933、6×4又は0320（0209/0204）・S・P；0933、6×4と表す。

## 4　段ボール箱の製造方法

　段ボール箱は、箱の形式により作り方が多少異なるが、大別すると次の通りである。

```
                    ┌─ 0201形箱 ── 段ボールメーカーで完成
段ボール箱の製法 ─┤
                    └─ 打 抜 箱 ── ユーザーで完成
```

　その生産工程の概要をフローチャートで示すと、図3−12のような2つの流れになるが、要約すると次のように表すことが出来る。

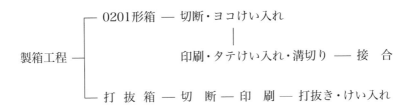

第3章 段ボール箱

図3-12 箱の生産工程

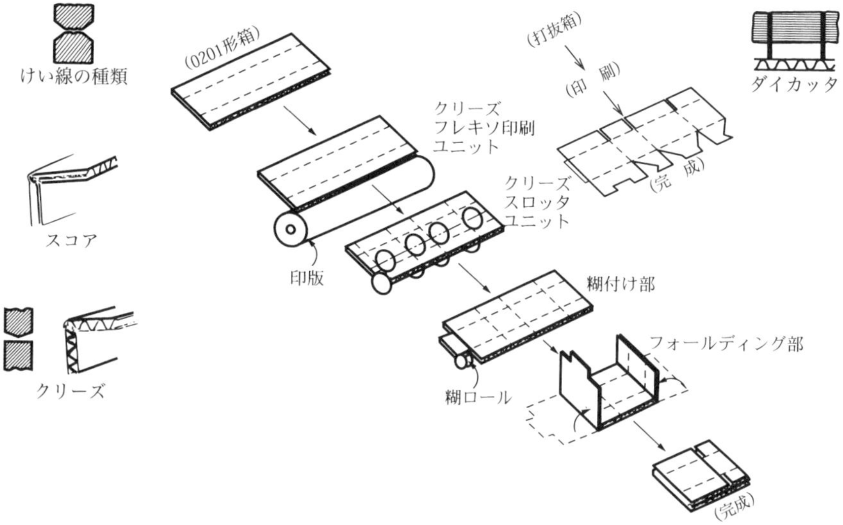

これら個々の工程を経て箱が作られるが、生産性の向上と品質の改善を目指して各工程の統合化が進められている。

0201形箱は、印刷・タテけい入れ・溝切り・接合を1パスで、打抜箱は、印刷・打抜き・けい入れを1パスで行ってしまうのが常識化してきた。これらの合理化を推進させた立役者は、段ボール印刷技術の目覚ましい改善によるところが大きい。

外装用段ボール箱の代表的な形式である0201形箱を作るのに必要な製造加工部分を、展開図によって説明すると図3-13に示す通りである。

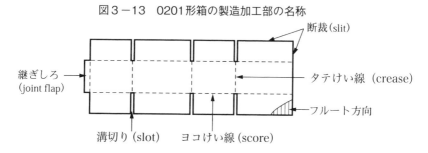

図3-13 0201形箱の製造加工部の名称

- 103 -

そこで、0201形箱を作る場合の製造工程についていくつかの組み合わせを示してみると次の通りである。

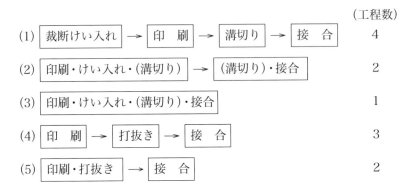

1工程で完成するものから4工程を必要とするものまで数種類の工程の組み合わせがあり、生産ロットや箱の大きさ等によって使い分ける。

段ボール箱の品質および製造コストを重視すれば、製造工程はシンプルである方が有利であることは説明するまでもないことであり、段ボール業界は今後、工程の単純化に向かうのは必然である。

それでは、それぞれの工程が果たす機能とその役割について以下に述べる。

## 4.1 裁　断 (Slit)

裁断とは、図3-13に示したように段ボールを所定の寸法に切断することで、フルートに対して平行または直角いずれの方向に切断しても裁断または断裁と呼んでいる。

裁断のメカニズムは、図3-14に示すように上下一対の円盤状の刃物を回転させながら、その間を段ボールを通過させることによって切断するようになっている機構が一般的である。

第3章　段ボール箱

図3－14　断裁機略図

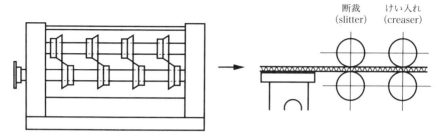

　従って、刃物の角度、上下のかみ合わせ具合、および刃物の管理いかんによって段ボールの切り口の状態は大きく差異が生ずる。
　裁断の状態としては、段ボールのフルートが潰れていないものほど良いということはいうまでもない。
　裁断の良し悪しは、裁断の切り口を一見すれば誰でも簡単に判別出来るが、上記のメカニズムでは完璧は望み難い。
　しかし、最近、図3－15に示す超薄刃を巧みに利用した特殊なメカニズムが開発され、コルゲータで用いられるようになり、全く段を潰すことなく裁断が出来るようになった。

図3－15　特殊なスリッタ機構

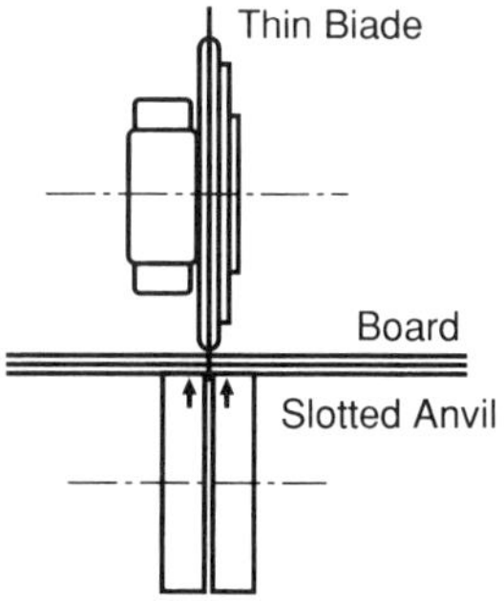

薄刃スリッタの力の方向図 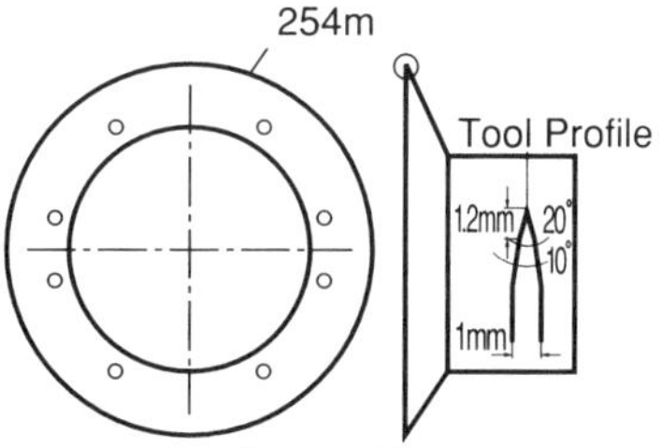　　　　　薄刃の形状

（月刊 CARTON BOX 1992/48～49 引用）

- 105 -

また、打抜機による裁断は、図3
-16に示すように、鋼製の刃物を
加圧して段ボールを打抜き、刃物の
両側に固定してあるゴムの弾力によ
って刃物と段ボールを分離するよう
なメカニズムによって行われる。

図3-16　ダイカッタの打抜刃

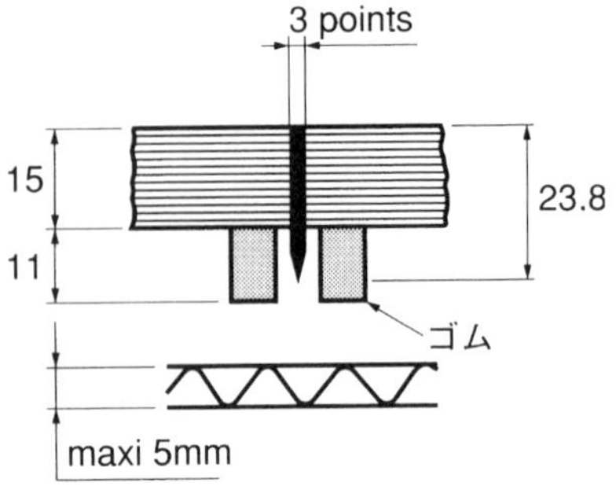

## 4.2　けい線 (Score、Crease)

けい線は、図3-13に示したよ
うに段ボール箱を作る場合に、長さ、幅および深さをそれぞれ正確に区分する
ために絶対に必要なものである。

けい線には2種類の呼び方があり、一般に次のように区分されている。

```
          ┌─ タテけい線 (crease) ── フルートに平行
けい線 ─┤
          └─ ヨコけい線 (score)  ── フルートに直角
```

段ボールにけい線を入れる機械をけい線機といい、上下一対となった雄けい
型と雌けい型とを回転させながら、その間に段ボールを通過させることによっ
てけい線を入れるような機構になっている。

段ボール用として用いられるけい型の種類は、図3-17に示すように3種類
に大別される。

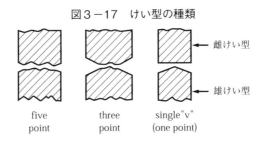

図3-17　けい型の種類

この内、one point式のけい線は、印刷及びグルア工程でタテけい線用として使われるが、three point式は両面段ボールおよび複両面段ボールのヨコけい線用として使用されており、five point式は複両面段ボール専用として一部用いられる。

もちろん、現在多用されているthree point式も雄けい型および雌けい型の形状は基準がなく、それぞれ幅や高さや角度など微妙に異なったものが、段ボールメーカーで独自に考えられたものが用いられており一定していない。

そして、けい線の入り具合によって段ボールの折り曲がり方が変化し、ひいては、完成した段ボール箱の内のり寸法に影響してくることになる。

従って、けい線は出来るだけ強く確実に入れることが好ましい。

また、けい線は裁断と同時に加工されるのが普通であり、一般にけい線裁断機と呼ばれている。

最近ではヨコけい線は、大部分がコルゲータにおいて所定幅の裁断と同時に加工されるようになっており、そのセクションをスリッタースコアと呼んでいる。

従って、大口ロットの場合は、段ボールを断裁機でスコアを入れることはほとんど必要がなくなった。

また、打抜機の場合には、図3－18に示すようなけい型によって加工される。

けい線加工の最大の目的は、段ボールを折り曲げた時に、所定の寸法が正確に実現されなければならないが、加工作業が不確実であると、箱の内のり寸法にバラツキが生じる。

図3-18 ダイカッタのけい線加工

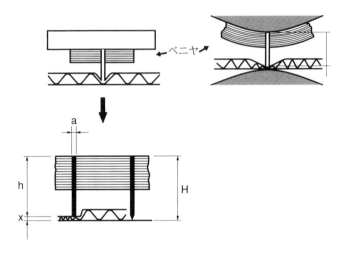

けい線加工の正否は、図3-19に示すように折り曲げた状態を観察することによって判定出来る。また、打抜加工を行って、それを高速自動包装機にかける場合には、段ボールメーカーは、けい線強さを規格化し厳しいけい線加工管理を行わなければならない。

図3-19 けい線加工の良否

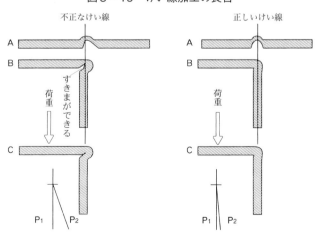

### 4.2.1 けい割れ発生の原因とその対策法

段ボール箱を作るためにけい線を入れるのは不可欠であるが、既述したようにけい線には2種類がある。0201形箱の製造時にヨコ線はコルゲータで入れられるので問題ないが、タテけい線は断裁機、主として印刷機で入れられる時にけい割れが多発するので、その原因について述べる。

### (1) けい割れが発生する原因

原紙の引張り試験をすると、本書23頁「図1-15 破断時のエネルギー吸収量」に示したように、原紙が切断するまでにどれくらい伸びるかがわかり、原紙のタテとヨコ方向に大きな伸び率の違いがあることがわかる。

けい線を入れるということは、ライナを部分的に引っ張っていくことになるのでライナの繊維結合が崩れて破壊現象が始まる、すなわちけい割れ現象が発生することになる。

そしてヨコけい線よりもタテけい線の方がけい割れが発生しやすいのは、ライナの繊維の配向性がそのまま影響することがわかるが、またけい割れの発生時期は冬場の乾燥時に多発することから考えると、段ボールの含水率を多くすると効果的であることがわかる。

### (2) けい割れ防止対策

けい割れの発生を防ぐには幾つかの方法が考えられるが、一番単純な方法としては段ボール接着における接着剤の量を増やすことであるが、この方法は生産性にも影響するし他の品質にも悪影響が出るので好ましくない。

もし、けい線を入れる断裁機や印刷機に、事前にけい線部分のみに水分を与える装置が開発されれば効果的であると思われる。

また、水分は単に水のみではなく、保湿剤や浸透剤を混ぜて使用すると水分が早くライナに浸透し、長時間水分が逃げないということを体験している。

この種の装置が外国では既に開発されたということを耳にするが、わが国でも早くお目に掛かりたいものだと期待している。

## 4.3 印 刷 (Print)

段ボール印刷は、印刷技術及びその関連技術の進歩によって、次のように大別出来る。

両者の内、ほとんどが段ボールへの直接印刷であるので、まず、その特色について述べる。

段ボール印刷は、凸版印刷であり、印刷に関連する諸条件によって生産性及びできあがった箱の品質、特に、圧縮強さに大きな影響を及ぼすが、その要因として次の事項があげられる。

以下にこれらのキーポイントについて述べる。

### 4.3.1 印刷機の種類

段ボール用の印刷機の種類は、基本的には給紙する段ボールのフルート方向に対し平行か直角かにより次のように分けられる。

タテ通し印刷機は、フルートに平行に給紙するため印刷精度が悪く、スピードも上がらなかったので、これと全く逆の発想でフルートに平行に給紙する方法が1949年（昭和24年）に丹羽鉄工所によって開発され本格的な段ボール印刷の黎明期を迎え、さらに1968年（昭和43年）に三菱重工業㈱のフレキソ印刷機の開発によって今日まで発展してきた。

　最近の段ボール用印刷機の種類は、使用するインキとの関連で次のように大別出来る。

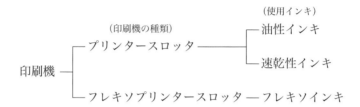

　印刷機は、図3-20に示すように印刷だけでなく、タテけい線と溝切り加工も同時に行える仕組みになっている。

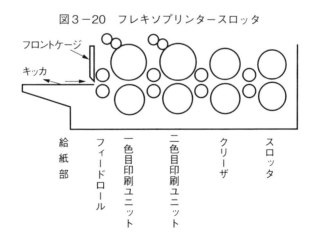

図3-20　フレキソプリンタースロッタ

　この2種類の印刷メカニズムを図3-21に示すが、両者の異なる点は、イ

- 111 -

ンキの特性、とりわけ、インキの粘度特性によって大きな影響を受け、粘度の低いフレキソ印刷機は、非常に単純な機構になっている。

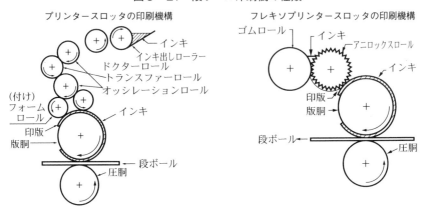

図3－21　段ボール印刷機の種類

段ボール印刷機の全体的な流れは、次の3つのセクションから構成され、さらにタテけい線と溝切り加工が出来る。

次に、これらのセクションが果たすそれぞれの役割について述べる。

第3章 段ボール箱

（1）給紙部

　給紙部は、印刷する段ボールを印刷機へ送り込む最初の部分であり、いくつかの機構があるが、大別すると次の3つに絞ることが出来る。

　キッカー方式は図3-22に示すように、ホッパ上に段ボールを積み上げると自動的に連続給紙するような機構になっており、キッカーはクランクギヤとスライドリンクによる早送り機構によって前後運動を行うようになっている。

図3-22　プリンタースロッタの給紙装置

　キッカーの構造は、プレートの上に十数枚の爪が取り付けられており、板バネに支えられた爪が段ボールを1枚ずつ引っ掛けてくわえ込みロールへ送り込

む役目をしている。

　くわえ込みロールの送り機構は、２つのロールが段ボールを挟み込むようになっているが、図に示したように２本のロールには、段ボールを出来るだけ潰さないように、かつ、効率よく正確に移行させるように、硬度18度～20度程度の柔らかいゴムが一定の間隔をおいて巻いてあるものが使われる。

　しかし、ロール間隔の調整には微細な管理が必要であり、その良否によって段潰れに大きな影響がでる。

## 4.3.2　印刷インキ (Printing ink)

　段ボールに印刷するインキは1945年（昭和20年）頃に本格的な油性インキが開発され、その後、1964年（昭和39年）頃に乾燥性を速めた速乾性インキが開発され注目を集めた。

　しかし、当時旺盛な段ボール需要に対応するには、さらに速い乾燥性のインキが必要となり1966年（昭和41年）頃にフレキソインキが開発され、その後、改良が加えられわずか数秒で乾燥が可能になり、著しく印刷工程の生産性が高められた。

　段ボール印刷に使用されるインキの種類と、その特性について比較すると次の通りである。

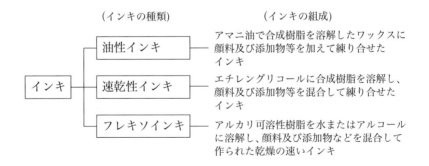

またこれらの性状についてより詳細に対比した結果を、表3－3に示す。

表3－3　段ボール用インキの組成と特性

| | | フレキソインキ | 速乾性インキ | 油性インキ |
|---|---|---|---|---|
| インキ<br>の性状 | ベヒクルの<br>組成 | 各種樹脂のアルカ<br>リ水溶液および<br>エマルジョン | 各種樹脂の<br>アルカリ性<br>グリコール溶液 | 各種樹脂の<br>アマニ油との<br>重合物の溶液 |
| | 乾燥機構 | 吸収と蒸発 | 吸収と拡散 | 酸化重合 |
| | 乾燥時間 | 2～4秒 | 10～20分 | 3～4時間 |
| | 粘度 | 0.5～1ポイズ | 150～250ポイズ | 150～250ポイズ |
| 印刷物<br>の性状 | 膜圧 | 3～5ミクロン | 5～8ミクロン | 8～10ミクロン |
| | 耐摩性 { 剥離 | 良～優 | 良～優 | 良 |
| | 汚染 | 良 | 良 | 良～優 |
| | 耐光性 | 良～優 | 良～優 | 良～優 |
| | 耐酸性 | 良 | 良 | 良～優 |
| | 光沢 | 良 | 良～優 | 優 |
| | 箱圧縮強度 | わずかに低下 | 相当低下 | 相当低下 |

　最近におけるインキの使用動向としては、油性インキは消滅しつつあり、主体はフレキソインキに移行している。

　フレキソインキの最大の魅力は低粘度で速乾性があるが、使用上のキーポイントに触れてみる。

　フレキソ印刷機は図3－21に示したように版銅、圧銅、アニロックスロール、ドクターロールから成り、この他に図3－23に示すようなインキの循環装置があり、アニロックスロールとドクターロールで形成されるⅤ型の溝に、インキをインキタンクからポンプで供給しⅤ型の溝の両端からあふれた余剰のインキは重力で再びタンクに戻され循環するようになっている。

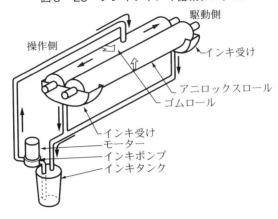

図3-23 フレキソインキ循環システム

　このようにフレキソ印刷は、インキ粘度が低いので印刷機構が簡単で、段ボール表面へのインキの転移がやりやすく、油性および速乾性インキに比較すると段ボールのフルートを潰す比率が非常に少なくてすむので、高品質の段ボール箱を生産することが可能であり、これが大きな魅力といえる。

　しかし、印刷中に水分が蒸発してインキ濃度が変化するので、色調の調整はインキ粘度を水で調節して使う必要がある。

　もちろん、この印刷機は印刷終了後に溝切りも行えるような機能を持っており、速乾性であることから、フォルダーグルア、ロータリーダイカッタなどと連結して一連の機械とすることが出来る。

(1) インキ標準化の意義とその成果

　段ボール産業発展の黄金期ともいえる昭和40年代の初めには、美しく印刷された段ボール箱がようやく市場で注目され始めるようになり、次第に印刷デザインも複雑化し、使用するインキの数もユーザーの指定色が急速に増加、その総数は2000種類を超え段ボール工場は色替え作業のため悲鳴を上げる様相になり、生産性を著しく阻害するようになってきた。

　この窮状を打開するため段ボール技術委員会は、インキ工業会の協力を得て

約3年間詳細な技術的検討を行い、ユーザーに実用上ほとんど迷惑を掛けないという前提で18色の標準色を決め、さらに若干の補助色を加えて選出して技術的検討を完結し、それらの色をライナにベタ印刷をして小冊子の見本帳を作成して推進を図った。

この合理的なインキの標準化は他国にあまり類例を見ない卓越したものであり、この推進を高めるほど印刷作業における色替えの回数は減少するので生産性は向上し、当然のことながらインキ廃液処理の回数も少なくなるので、会社に恩恵をもたらすことになる。

### 4.3.3 印　版（Printing die）

段ボール印刷に使用する印版は、1945年（昭和20年）頃重袋、段ボールの印刷用向けに専用天然ゴムを素材として制作が開始され、1959年（昭和34年）頃に樹脂版が米国のデュポン社で開発されたが、印刷の大半は手彫り版であった。

その後、段ボール印刷の美粧化と精密化に対応するためゴム版の鋳造方式による新技術が開発されたが、素材的には徐々に樹脂版の使用率が高まり、1987年（昭和62年）に物流バーコードJIS X 0502「物流バーコードシンボル」の制定に伴って更なる高精度化が必要となり、製版工程はアナログからデジタルへと変わってきた。

段ボール印刷に使用される印刷の種類とその特色について示すと、次のように大別出来る。

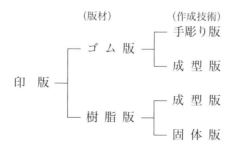

これらの印版の特色について以下に述べる。

(1) ゴム版 (Rubber plate)

わが国においては、従来からゴム印材を手彫りで印刷用ゴム凸版を作ってきたが、現在使われているゴム版は、厚みが7mmまたは9mm、硬度はショアー硬度50度前後のものが使用されている。

ゴム印材は、厚さ3mm程度の生ゴムを貼り合わせて加硫し、それをロール状に巻き取り、ゴム版業者に販売している。

このゴム印材は原料に普通は上質の生ゴムを主原料として使用し、耐油性を必要とするので、一部合成ゴムを配合している。

ゴム版の作成方法には次の2つの方法がある。

手彫り版は、ゴム印材を所定の大きさに切断し、印刷のデザイン通りに下絵をゴム版上に描き、彫刻刀で彫って作られる。

成型版は、マグネシア合金を用いて金型を作り、その金型の中にフェノール系合成樹脂などの熱硬化性樹脂の粉末を入れ、加熱炉の中でこの樹脂粉末を硬化させると、デザインと同形の母型が出来上がる。

合成ゴムのチップを合成樹脂の母型にいれ、加硫して硬化させるとゴム版が出来上がる。

成型版は、大量生産用または手彫り法ではできない細字や精度を要求される複雑なデザイン用として使用される。

(2) 樹脂版 (Resin plate)

近代フレキソ印刷発展のなかで、もっとも大きく寄与した技術の一つは、感

光性樹脂版であるといっても過言ではない。他のグラフィックアーツ分野と同様、フレキソグラフィーに、光反応物質であるポリマーとモノマーの光重合を応用し、画像形成を行う技術は1945年頃に特許が出されており、最初に市販された樹脂版は、1959年ダイクリル (Dycril Dupont) で、この段階ではまだフレキソ印版としてのフレキシブル版は生産されていなかった。実際に印版として市場化されたのは、1974年に米国が最初といわれている。

フレキソ樹脂版は基本的には二つの異なる版材、および製版方式によって分類される。

① 固体版 (Solid Photopolymer Plate)

柔軟で、寸法安定性の良いポリエステルフィルム、またはメタルシートの支持層に紫外線で感光するフォートポリマー物質がラミネートされている構造をもち、フィルムネガティブを通して直接露光され、光重合プロセスにより画像部が形成される。非露光部の未硬化フォートポリマー層は、主に有機溶媒による洗出しプロセスで除かれた後、画像部表面の処理のための化学的処理を行い、後露出される。液体版に比べ、各種の利点から広く用いられており、精度のよい均一厚みの規格で市販されている。有機溶媒による洗出し方法に対し水系溶媒により洗出を行うプロセスも開発されている。

固体版は、取扱いが容易で、寸法精度や原稿に対する再現性や忠実度は十分保証されている。

② 液体版

(Liquid Photopolymer Plate)

露光前にポリエステルバッキングシート上に液体フォートポリマー物質を直接塗布し、厚みを所定にした後、フィルムネガを通して両サイドから紫外線に

より露光され、ベース層と画像レリーフを形成する。非露光層は未硬のまま、洗出しユニットにおいて高圧水系洗浄剤スプレーで除かれた後、さらに、露光され化学仕上げされ乾燥工程を経て製版される。

　樹脂板は鋳造ゴム版に比べ、製版に際して起こる伸縮が少なく、寸法精度の優れた印版が出来る。また製版プロセスもマトリックス方式をとる複製方式のゴム版と比べ、簡単な工程で原稿に対し高度の再現性のある複製が出来る。樹脂版のレリーフショルダーは、ゴム版に比べシャープで、版下などのアートワークにおいて行われる収縮要素の修正の必要性は少ない。印版裏面のムラ取りも必要がなく、一般的に鋳造ゴム版より薄い厚みの印版でも精度が高い。

(3) 期待される無印版印刷技術

　今までの段ボール印刷は全て印版方式により行われ、印版自体は時代に対応して素材が変わりその役割を果たしてきたが、使用後の洗浄やその保管管理など印版を使用すること自体が不都合になっている。

　もし、印版を使用しない印刷方式が開発されれば、生産性の向上と省人化が進み印版を保管する大きなスペースが消滅し、段ボール工場のレイアウトは変更されることになる。

　現在、段ボール以外の分野で実用化が進みつつある二つの無印版方式について調べてみると、次の通りである。

　インクジェット印刷は、液体インクをミクロン単位の微粒子にして噴霧器やスプレーなどを用いて、その一滴一滴を印刷対象物に吹き付ける「非接触」方式の印刷方式である。

　段ボール箱にバーコード印刷だけでよい場合には、強力な武器になることが

予想される。

デジタル印刷は、物理的に印版を不必要とする印刷手法。従来の印刷方法と比較すると低コストで、小ロットの印刷にも対応できるというメリットがあるといわれている。

### 4.3.4 段ボールの表面状態

一般に、印刷の仕上がりを決定づける最大の要因として被着体の表面状態が極めて重要である。

図3-24 ウオッシュボーディング

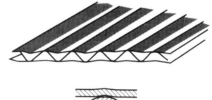

構造体である段ボールの表面は、肉眼では観察しにくいが、既述した段ボールの製造時に使用する澱粉糊の水分の影響によって、段頂部の表面に激しいライナの伸縮が発生し、図3-24に示すようなウオッシュボーディング現象が起きる。

図3-25 マージナルゾーン

ウオッシュボーディングとは、英語のwash board、すなわち、洗濯板という意味であるから、昔の洗濯板のような状態になっているというように考えて頂きたい。

その凹凸の状態は、使用ライナと接着技術によって異なるが、時として300ミクロンに達し、印刷に少なからず障害となる。

この表面状態を印刷技術的に解明すると、印刷の基本として凹部、すなわち、段頂部に過剰な圧力がかかり指定寸法より少し大きくなる。

この印刷状態をマージナルゾーンと呼ぶが、図3-25に示す状態になり、特に物流バーコード印刷のように高精度を必要とする印刷条件をクリアするのは難しくなる。

## 4.4 溝切り (Slot)

溝切りは、図3-13に示したように0201形箱のフラップを長さと幅でそれぞれ切り離して箱としての機能を完成させるために施す特殊な切り込みのことで、一般の裁断とは若干異なり、その幅は6.4mmが標準である。

溝切りのメカニズムは、図3-26に示すように、ある一定の幅を持った上刃の位置を調整することによって溝の位置および寸法を決めることが出来る。

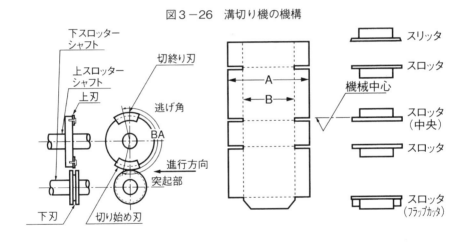

図3-26 溝切り機の機構

すなわち、段ボールの幅をA、箱にした場合の深さをBとすれば、溝の深さは $1/2(A-B)$ で表わされる。

上刃には図3-26に示したように切り始め刃と、切り終わり刃とがあり、切り始め刃には、ストリップ部を切り離しやすいように突起部が設けられており、切り終わり刃は、逆に割れを防ぐように逃げ角を付けてある。

スロッターヘッドは、上下ともラックとシフターにより同時に出来るように

- 122 -

なっている。

　また、上下の径は１：１の同径にする必要はなく、周速のみ一致させればよいわけであるが、１：１の周速にとってあるものもある。

## 4.5　打抜き（Die cutting）

　今までに述べてきた製箱工程は、いわゆる外装用段ボール箱の主役である0201形箱の製作機が中心であった。

　しかし、実際には種々の複雑な構造をした段ボール箱の形式が多用される傾向にあることと、その他にも贈答箱などに見られるように、段ボール箱に附属する中入れなどの形式も非常に複雑化したものが用いられるようになってきた。

　それらの箱はや附属類を製造するために用いられるのが、いわゆる打抜機と呼ばれるものである。

　段ボール用ダイカッタの開発経緯は、1927年（昭和２年）頃丸松製作所のビクトリアトムソンに始まり、その後1938年（昭和13年）頃にボブスト社がオートプラテンタイプダイカッタの１号機を作成した。

　また、1968年（昭和43年）頃に丹羽鉄工所によってハードタイプのロータリーダイカッタが開発された。

　爾来、プラテンタイプとロータリータイプのダイカッタは数々の研究と改善が進められた結果、マシンのスピードと打抜き精度の向上が計られてきたが、カス取りと紙粉除去の更なる完璧化が期待されている。

　代表的な形式としては次のようなものがある。

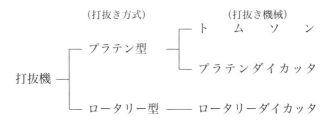

以下、これらの打抜機について述べる。

## 4.5.1　トムソン（Thomson）

　トムソンは、米国のトムソン（Thomson）社で最初に作成されたダイカッタで、最初は1枚ボールの打抜きに使用されていたが、次第に段ボールでも使用されるようになり、現在、国内では最も多く使用されている打抜機である。
　図3-27に示すようにクランク機構で開閉運動する加圧プレートと、ダイ取り付け用固定プレートの間で段ボールが打ち抜かれるようになっている。

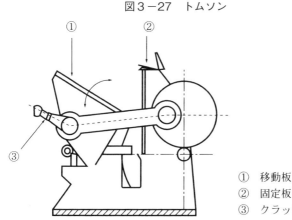

図3-27　トムソン

① 移動板
② 固定板
③ クラッチハンドル

　段ボールの挿入、取り出し作業とも、加圧プレートが開閉運動している間に行うために、打抜き速度も24～28枚／分の低速である。
　ブランクサイズも778×1,091mm以下の小物抜きを対象としている。
　しかもストリッピング作業が大変で、いわゆる手作業によるむしり取りを行わなければならないので、打抜き後かなりの手数を要するという欠点がある。
　固定プレート、加圧プレート、本体、クランクアーム、歯車、フライホィール、クランクロッドなど、かなり堅牢に作られている。

第3章　段ボール箱

## 4.5.2　プラテンダイカッタ（Platen die cutter）

　プラテンダイカッタは、段ボールを所定の型に打ち抜く装置であるため、打ち抜くときのダイスの動作および段ボールを送る装置の動作は間欠運動をさせなければならない。

　この間欠運動の駆動方法には、大きく分けて油圧方式とメカニカル方式との2つがあり、油圧方式は簡単な構造で複雑な動作が可能であり、間欠運動にとっては急激な力がかからないなどの利点を持つが、その反面、油圧方式は保全が複雑である。

　図3-28にメカニカル方式と油圧方式のダイカッタの略図を示すが、図の位置でコンベアチェーンが止まり、キッカで1のグリッパの所に段ボールが蹴り込まれ、2の所にある段ボールは打ち抜かれる。

図3-28　油圧、メカニカル式ダイカッタ

ⓐ 油圧式ダイカッタ

1. グリップ
2. 打抜き
3. ストリッピィング
4. グリップ落し

ⓑ メカニカル式ダイカッタ

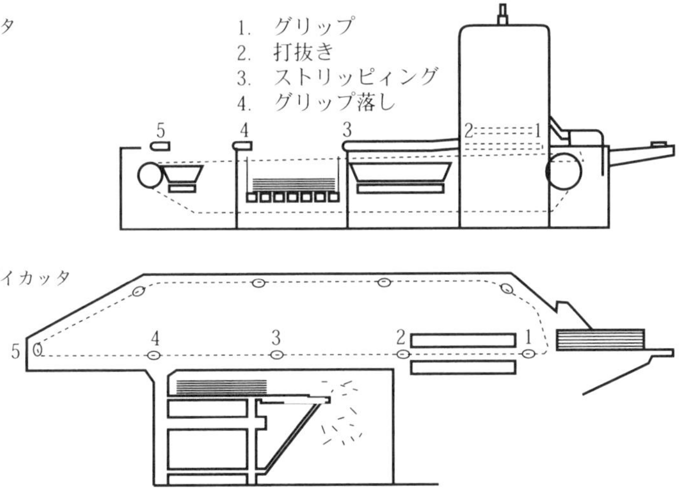

　次に、2の段ボールが3に送られてストップしてストリッピングされると同時に、2に蹴り込まれたブランクが打ち抜かれ、また新しい段ボールがキッカーによって1に蹴り込まれる。

- 125 -

以下4、5も同じで、この動作を連続的に繰り返す。

ダイカッタであれば、給紙、打抜き、ストリッピング、デリベリをすべて自動的に行うことができ、作業者はホッパに段ボールを積み込む作業と、出来た製品をかたづける作業のみでよい。

この種のマシンの打抜き性能は、最大寸法が1,600×1,100㎜程度で、打抜きスピードは最高60枚／分くらいであるが、最近では超大型機も開発されている。

### 4.5.3 ロータリーダイカッタ (Rotary die cutter)

ロータリーダイカッタは、円形ダイをシリンダに取り付けて回転によって打抜きを行うもので、平版ダイカッタに比較して非常にスピードが速く、さらにフレキソプリンタと組み合わせることもでき、フレキソプリンタダイカッタとして段ボール箱の生産性向上に役立っている。打抜き速度は、だいたい150～250枚／分を最高とし、打抜き面積は1,600×2,600㎜程度が最大である。

機構的にはプリンタスロッタと類似しており、給紙部、打抜き部、ストリッピング部、デリベリーコンベアなどに分かれるが、給紙部はプリンタスロッタとほとんど同じなので省略し、異なった部分のみについて述べる。

### (1) 打抜き部

打抜き型式としては、ソフトカットとハードカットに大別され、ソフトカットは鋸刃状の打抜き刃を同筒状のベニヤ板に植え付けたものをダイとして、ポリウレタン、ネオプレンラバーなどのアンビルシリンダに刃を食い込ませることによって打抜きを行う。

一方、ハードカットは、直刃を円筒状のベニヤ板、鋼板などに取り付け、金属製（鋳鋼）アンビルシリンダに刃物を当てて打抜きを行う。

両方式にはそれぞれ長所と短所があるが、一般にソフトカットは鋸状刃物を用いて切断するため切れ口がギザギザになるが、刃物を用いてアンビルに食い込ませるので、高度なムラトリ作業を必要としないためにセットアップが早く、

刃物の寿命も長いが、刃物の高さにムラが多いとアンビルの寿命が短くなる。
　一方、ハードカットは、きれいな直線状の切れ口は得られるが、刃物がいたみやすいので、刃物の寿命を長くするには精密なムラトリを行う必要があるのでセットアップタイムが長くかかる。
　図3-29に、ソフトカットとハードカット方式の打抜き時の状態を比較して示す。

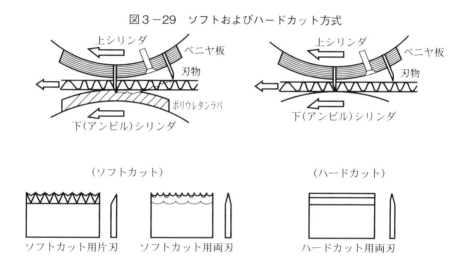

図3-29　ソフトおよびハードカット方式

(2) ストリッピング部
　ストリッピング部は、刃物で打ち抜かれた段ボールの不用の部分を取り除く部分であり、非常に重要な役割を果たす。
　一般に、図3-30に示すようなメカニズムで打ち抜かれた段ボールの屑を落とすように独立したストリッピングを持ち、雄型と雌型とを使用して屑落としを行うものと、図3-31に示すように打抜き部で打抜きと同時にスポンジ、型ゴムなどの高さや硬度の違いを利用して屑落としを行うものとがあり、両者を機能的に比較してみると前者の方がやや優れているといえるが、100％の屑落としは難しいので種々の改善が進められている。

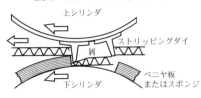
図3-30 ストリッピング

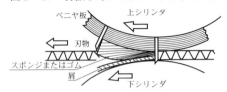
図3-31 打抜き時におけるストリッピング

(3) デリベリーコンベア

　既述したように完全なストリッピングが困難で、しかも今後ますます複雑な打抜き型が多くなる傾向があるので、打抜きが終わった段ボールと一緒に打ち抜かれた屑も搬出され、積載作業が難しくなるので、特殊なデリベリーコンベアを使用して屑の落としを行うものが多い。

　この種のデリベリーコンベアは、エアージェット、振動、ブラシなどを利用して屑を落とす機構を備えている。

## 4.6 接 合 (Joint)

　02形等の段ボール箱は、接合工程を経ることによって箱として完成される。

　今まで述べてきた各種の製箱工程における段ボールは1枚のシート状であったが、接合工程において段ボールの両端がつなぎ合わされて筒状になる。

　段ボール箱の接合は、次に示す3種類に区別され、それぞれの特徴がある。

　これらの内、平線止め及び糊貼り接合には図3-13に示した継ぎしろが必要であり、その幅は次のようにJISで決められている。

第3章　段ボール箱

　これらの接合様式は、接合材、接合機械、生産性、接合強さなどそれぞれ異なるので、以下個々について述べる。

### 4.6.1　平線止め (Wire joint)

　平線止めは、平線を用いて物理的な方法で段ボール箱を部分的に接合させる方式であり、確実な接合方法であるといえるが、生産性は低い。

表3-4　平線の種類

| 種類 | 幅×厚み | 用途 |
|---|---|---|
| 3.0mm | 3.00×065mm | 複両面段ボール |
| 2.4 | 2.40×0.65 | 両面段ボール |
| 2.0 | 2.00×0.60 | ※底止め用 |

※段ボール箱の底面を封する場合に用いる。

　使用する平線の材質は、JIS G 3505に規定されている軟鋼線材第3種を使用し、それを一定の幅と厚みを持った状態に圧延して作られる。

　JIS Z 1506「外装用段ボール箱」に規定されている平線の幅は1.5mm以上となっているが、一般に使用されている平線の種類は表3-4に示す通りである。

　また、長期間の使用に耐えるように、亜鉛メッキまたは銅メッキを施さなければならないように規定されている。

　平線止めの接合強さは、使用する段ボールの種類と品質とを考慮して使用する平線の数によって決まる。

　ただ、いたずらに平線止めの数を増やしても、段ボールの品質が低いものであれば、逆に接合強度は劣化することになるので注意しなければならない。

　それゆえに、JIS Z 1506「外装用段ボール箱」では、平線の打ち方について図3-32に示すように規定してある。

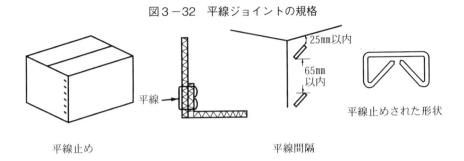

図3-32 平線ジョイントの規格

## 4.6.2 テープ貼り (Tape joint)

テープ貼りの特徴は、図3-33に示すように、継ぎしろがなく、箱になる段ボール箱の先端部を付き合わせておき、外側からテープを貼る方式である。

それゆえに、基本的にはどんなテープを使用するかによって接合強度は大きく変わる。

段ボール箱の接合用として使用するテープの種類は、次のものを用いるように規定されている。

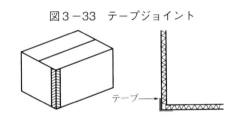

図3-33 テープジョイント

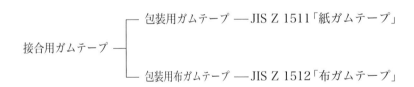

また、テープの幅は、50mm以上のものを使用するように規定されている。

テープの接合を他の接合方式と比較すると、継ぎしろ部が箱の内側にないので、段ボール箱の内のり寸法が出しやすいことと、箱に商品を詰めるときにじゃまになることがないなどの特徴がある。

- 130 -

### 4.6.3 糊貼り (Glue joint)

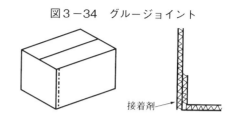

図3-34 グルージョイント

糊貼りは、グルーを用いて化学的な方法で段ボール同士を接着させる方式で1964年（昭和39年）頃に急速に普及し始め、全面的な接着となるので非常に強く、平線止め機の数十倍の生産能力がある。

接合の状態は、図3-34に示すように継ぎしろ部の内側または外側に接着剤を塗布して接着させるので、継ぎしろが箱の内側または外側へ出る。

従って、この方式は、使用する接着剤によって生産性も接合強度も大きな影響を受けることになる。

現在、一般に使用されている接着剤は、速乾性を主体にした酢酸ビニール系の接着剤が主体であり、接着剤に要望される性能として次の項目をあげることが出来る。

(1) 初期接着力が優秀であること。
(2) 温度変化に対して安定していること。
(3) 適切な時間内で速乾性であること。
(4) 経時変化によって接着強度が劣化しないこと。

グルアの各機構と接着剤の粘度範囲とのおよその関係を表3-5に示す。

表3-5 糊付け機構と接着剤の粘度範囲

(単位：センチポイズ)

| 図 | 糊付け機構 | 適正粘度範囲（約） | 備考 |
|---|---|---|---|
| I | ポンプ循環式 | 1,000～8,000 | 下折り |
| II | | 1,000～8,000 | 上折り |
| III | 自然落下式（含電磁弁付） | 1,000～8,000 | |
| IV | 自然落下式 | 10,000～80,000 | |
| V | グルーガン方式 | 1,000～5,000 | |

接着剤の粘度選定は給糊の配管の径に、またロール塗布方式ではその表面の状態にも関係する。参考までに、ロール表面のパターンを図3-35に示す。

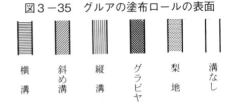
図3-35 グルアの塗布ロールの表面

なお、グルー接合は生産性が高く、いわゆるフォルダーグルアと呼ばれる接合機によって接合され、さらにフレキソプリンタスロッタと組み合わせて、フレキソ印刷された段ボールをすぐにグルー接合して箱に仕上げてしまう傾向が高まっている。

### 4.6.4 接合法の比較

各種の接合は、内容品の特性、段ボールの種類や品質、生産ロットなどを充分に考慮したうえで決定されるが、3つの接合方法について、接合強度という面からそれぞれの特徴を比較してみると、表3-6に示す通りである。

表3-6 各接合法の特徴

| 接合の種類 | 接合強度の特徴 |
|---|---|
| ワイヤー接合 | ① ワイヤーの本数を増加させると強度が高くなる。<br>② 段ボールの材質によって、強度が相違する。<br>③ ワイヤーの強さが接合強度に影響する。<br>④ ワイヤーの打つ角度の相違する場合（たとえば斜め打ち、横打ち、縦打ちなど）接合強度が異なる。 |
| テープ接合 | ① 段ボールの強度に接合強度は影響を受けない。<br>② テープの材質および接着強度により接合強度は影響される。（特にテープの引裂強度により影響を受けやすい） |
| グルー接合 | ① 段ボールの強度に接合強度は影響を受けない。<br>② 接着剤と段ボールとの接着強度が接合強度に影響を与える。<br>③ 接着剤量の多少が接合強度に影響する。 |

以上のような特徴の中で、段ボールの材質の相違によって接合強度にあまり影響しないのはテープ接合とグルー接合であり、平線接合は、一般に段ボール

の材質が弱い場合は接合強度が低下し、材質が強い場合には接合強度も強くなる傾向がある。

一方、テープ接合においても、テープに人絹糸とかナイロン糸などを併用して補強してやると、引き裂き強さが増加するため必然的に接合強度は増加する。

### 4.6.5 箱の内のり寸法の測定

段ボール箱の最大の使命は、まずできあがった箱の中に内容品がきっちりと納まることである。

従って、箱の内のり寸法が指定通りに作られたかどうか、必ず確認しなければならない。一般に、箱の寸法確認は、段ボールメーカーの慣例として、次の工程で行われている。

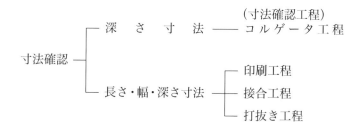

これらの寸法確認は、永年の経験から展開寸法の確認によって行なわれるのが常識になっているが、容器としての性格上、箱の完成時点での確認をすることが必要である。

箱の内のり寸法の測定方法は、JIS Z 1506「外装用段ボール箱」に定められているが、図3-36に示すように直角ジグを用いて正確に直角度を保持した上で測定しなければならない。

図3-36　内のり寸法の測定方法

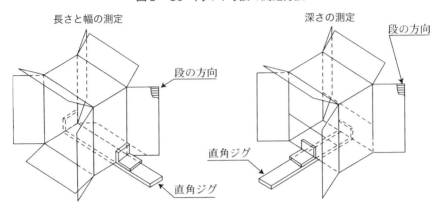

## 5　段ボール箱の基礎物性

　段ボール箱は、既述したように各種の工程を経て作られるので、段ボールメーカーの技術差によって完成後の箱の物性にも影響を及ぼすことになる。
　物性についての特定の規格はないが、クレームの発生の要因を大別すると次の通りである。

　以下に、これらの品質のチェックポイントについて述べる。

### 5.1　外　観
　箱の品質について、JIS Z 1506「外装用段ボール箱」に次のように規定されている。すなわち、「品質が均一で、接合不良、不整、汚れ、きずなど使用上

の欠点があってはならない」としてある。

　これらについては、社内規格を作り、製箱工程における品質管理で適正に対応してゆく必要がある。

## 5.2　箱の物性

　段ボール箱として必要な物性については、規格はないが、少なくとも次に示す2項目については、よく把握しておく必要がある。

### 5.2.1　接合強さ（Joint strength）

　段ボール箱の接合部分の強さは、構造体として非常に重要なものであり、先に述べた種々の接合方法によって相違がある。

　接合強さの測定方法にはいくつかの方法があるが、代表的な方法を次に示す。

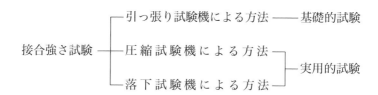

　この中で最も一般的に用いられる方法は、圧縮試験機を用いて測定する方法であり、以下、その概要について述べる。

　この試験法は図3-37に示すように、接合部分を一定の幅と長さに切断し、試験片の両端を折り曲げてしっかりと直角に固定し、ちょうど箱の接合部の内側に相当するような状態を再現させる。

次に接合部分の上部に直角三角柱状に作ったアタッチメントを正確にあてて、上部から圧縮試験機で荷重を加えて、接合部分の破壊するときの最大荷重を測定する。

図3-37　圧縮試験法のアタッチメントと試験片

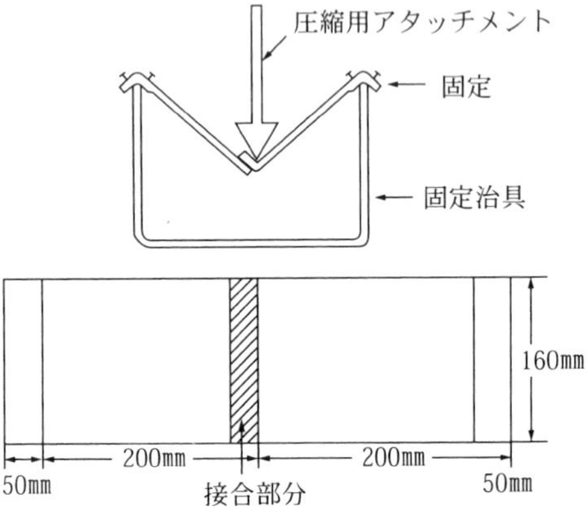

　この方法によって一定品質の段ボールを接合して接合強さを比較した一例は図3-38に示すようになり、接着剤による接合が他の接合材に比較してきわめて強いことがわかる。

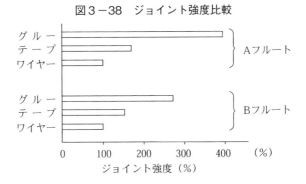

図3-38　ジョイント強度比較

## 5.2.2　箱圧縮強さ（Box compressive strength）

　段ボール箱の圧縮強さについての規格はないが、実用上非常に重要視されている。その理由は、長期間の貯蔵中に種々の要因で、箱が倒壊し、時として重大な事故につながる恐れがあるからである。

　試験方法は、JIS Z 0212「包装貨物及び容器の圧縮試験方法」により行うが、普通、図3-39に示すように、実用上を考えて天地対面について行い、圧縮試験機の加圧方式は、油圧またはメカニカル方式のいずれかによって毎分10mm±3mmの速度で荷重を加え、最大荷重に達した時を箱圧縮強さとしているが、実際には予定された変形が起きた時の荷重を確認し、内容品への影響を求めることもある。また、試験する前に、JIS P 8111「試験用紙の前処理」により前処理を行った後に試験を行わなければならない。（第5章　3.1.2参照）

　これは、含水分の影響を大きく受けるからである。

　現在、段ボール箱の圧縮強さは、ユーザーとの取り決めによって行われているが、この試験は、破壊試験であるから大きなロスにつながることになる。このような事態を避けるために、段ボールメーカーは、日頃から統計的品質管理に基づく理論武装を固めておくべきである。

　その対策としては、使用原紙のリングクラッシュ値の正確な把握と全ての工

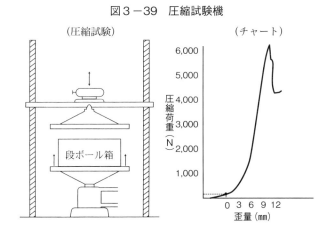

図3-39　圧縮試験機

程における厚み管理の徹底に尽きる。

## 5.2.3　従来単位からSI単位への換算

　従来から使われてきた試験単位から世界共通のSI単位へ換算する場合の換算係数について、段ボール箱関連の主な試験項目とそれらの換算係数について表2-6に示す。

表2-6　段ボール箱関連のSI単位への換算表

| 項目 | 従来単位 | 換算係数 | SI単位 |
|:---:|:---:|:---:|:---:|
| 箱圧縮強さ | kgf | ×9.81 | N |
| 接合強さ | kgf | ×9.81 | N |
| けい線折り曲げ強さ | gf | ×9.81 | mN |
| 長さ | m | ― | m |
| 質量 | kg | ― | kg |

# 6　段ボール工場の環境整備・紙粉除去システム

　一般的に、従業員が快適に働け、健康でいられる環境を働きやすい職場という。

　良い環境とは、照明度や工場内の温度が適正に保たれ、騒音が低く、塵や埃などの空気汚染の無い状態が望まれている。

　そんな良い環境の中で長時間作業をすると、心身ともに爽やかで良い仕事ができ生産性も向上するといわれており、また優秀な社員の集約にもなる。

　ここに、段ボール工場内に散らかっている紙粉とその対策について述べる。

## 6.1　段ボール工場で発生する紙粉とその除去システム

　紙粉とは、段ボール箱を製造する過程で発生する原紙の「ゴミ」で、その大きさは肉眼ではっきり見えるくらいのものから、見えにくい微細なものまである。

それらの紙粉はコルゲータのスリッタースコアラやカッタ、印刷機、ダイカッタなど段ボールを切断する時に発生し、その発生量はそれぞれのマシンの性能や管理の度合いによって異なるが、既に紙粉除去装置が稼働している工場の実測結果では、例えば100万㎡／月の生産工場ではおよそ22.5kgという驚くべき量になることが確認されている。

　紙粉は、人体への悪影響は少ないことは業界100年の歴史が実証しているが、最近の段ボール箱の需要先は半分以上が食品類であることを考えれば、紙粉除去をした一層美しい段ボール箱を提供できることは一段と信頼が高まることになる。

# 第4章　段ボール箱の圧縮強さ

　段ボール箱の品質を評価する方法の中で箱圧縮強さは最も重要視されており、この傾向はこれからもますます高まってゆくに違いない。

　その理由としては、箱を製造する場合の製造技術が総合的に集約され、一つの物性値として評価出来るからである。

　さらに、その物性値は、段ボール箱を実際に使用する場合に非常に重要な要素として互いに結びついているからであるといえる。

　従って、段ボール箱を設計する場合に最も重要な条件の一つとして箱圧縮強さを考えなければならない。

　段ボール箱の圧縮強さ試験方法は、JIS Z 0212「包装貨物及び容器の圧縮試験方法」に規定されており、次に示す2つの試験方法がある。

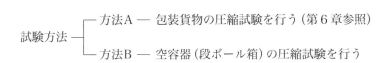

　普通、段ボール箱の圧縮強さは方法B、すなわち空箱の状態で測定した価を指しているので、以下に方法Bを中心とした段ボール箱の圧縮強さについて述べる。

## 1　段ボール箱の圧縮強さ理論

　段ボール箱の圧縮強さを構成している要因について考えてみると、いくつかあげることが出来る。

　それらの要因を大別すると、どうしても避けられない基本的な要因と、包装設計する場合、あるいは段ボールや段ボール箱を製造する場合にある程度避け

ることが出来る要因とがある。
　それでは、この２つの要因について細かく分類してみると次の通りである。

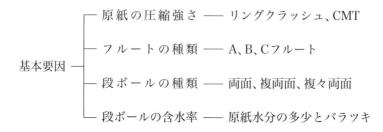

　これらの基本要因は、段ボール箱の圧縮強さを決定的なものとする重要な役割を果たすものと考えるべきである。
　次に、段ボール箱を作る場合に影響を受ける変動要因について分類してみると、以下の通りである。

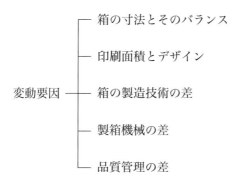

　これらの変動要因の内、ユーザーにおいては、包装設計にあたって、段ボール箱の圧縮強さを前提とした箱の寸法とそのバランス、その箱に印刷するデザインおよび印刷面積について充分に検討することが大切である。
　また、段ボールメーカーは、ユーザーのニーズを充分に満足させるための優

れたマシンとそれを使いこなす優れた技術と品質管理によってその結果を確認しなければならない。

このように段ボール箱の品質を構成している要因は、いくつかの複雑な関連性を持っているが、結論として、箱の圧縮強さを測定すれば、段ボールメーカーの製造技術の優劣は歴然と現れる。

### 1.1　箱圧縮強さの評価

段ボール箱の圧縮強さを評価する場合に、どのような点にポイントをおいて評価すべきかについて述べる。

段ボール箱の圧縮強さは、基本的には図4-1に示すように、空箱で天地対面方向について行い、箱が潰れるときの最大荷重とその時点に至るまでにどれくらい変形したかという歪量によって表される。

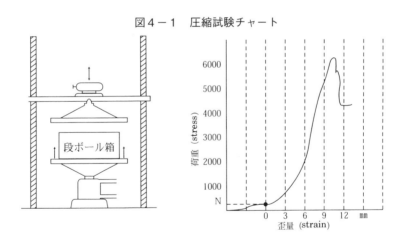

図4-1　圧縮試験チャート

従って、箱圧縮強さを構成する要因と、その可否は次のように表すことが出来る。

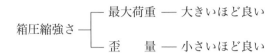

　ここで、箱に要求されることは、最大荷重は大きいほどよいことはいうまでもないことであるが、歪量については小さいほどよいという相反するものが要求されるという特色がある。
　また、段ボール箱の圧縮強さは5個以上の平均値で表すことになっているので、内容的には、当然であるが次のことが要求される。

　すなわち、いくら平均値が高くても、その母集団内の強度のバラツキが大きいと、現実的には弱い箱から先に潰れるので実用上問題がある。
　それゆえに、段ボール箱の圧縮強さを正しく評価するには、これらの点を総合的に眺めて決定しなければならない。

```
                     ┌─ 平均値が高い
箱圧縮強さの評価 ─────┼─ バラツキが少ない
                     └─ 歪量が小さい
```

## 1.2　箱圧縮強さと歪量

　段ボール箱の圧縮試験においては、図4-1に示したように最大荷重と歪量が記録され、それを読み取るようになっているが、実は歪量はきわめて重要な

意味を持っている。

　普通、歪量を読む場合は、両面、複両面段ボール等の種類によって差があり、初期荷重がいくらかかったときを起点として読んだらよいかJISには次のように規定されている。

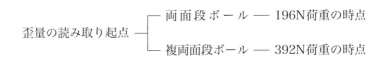

歪量の読み取り起点 ─┬─ 両面段ボール ── 196N荷重の時点
　　　　　　　　　└─ 複両面段ボール ── 392N荷重の時点

　これは、0201形箱として完成されるまでに種々の加工が施されるので、構造的にフラップ部分がやや複雑な組合わせになっていることを考慮して、段ボール箱自体平行圧が完全にかかった時点と考えてよい。

　歪量に最も大きな影響を与える要因はヨコけい線とその加工技術にあるといえる。図4-2にけい線の幅が段ボール箱の圧

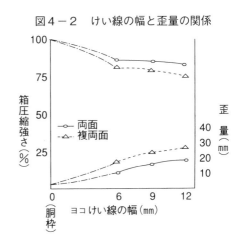

図4-2　けい線の幅と歪量の関係

縮強さとどんな関係があるかという実験結果を示した。この結果からヨコけい線の果たす影響について次のことが想定出来る。

歪　量 ─┬─ スリーブ ── 2〜3mm ── 段ボール自体の歪
　　　　└─ 段ボール箱 ── 12〜25mm ──（段ボール＋ヨコけい線）の歪

　ここで、スリーブすなわち段ボール自体の歪量はきわめて小さいが、箱にす

るとかなり歪量が大きくなることがわかる。
　さらに、けい線については次の要因も考慮しなければならない。

　これらのけい線に関する要因は、箱の圧縮強さに少なからぬ影響を及ぼすこととなる。
　図4-2にみられるように、けい線の形状、入れ方を一定にしておいて箱を作って圧縮強さを比較してみると、次のような傾向がみられる。
　(1) スリーブより段ボール箱の方が弱い。
　(2) けい線の幅が広い方が狭いものより弱い。
　(3) 両面より複両面の方が影響を受けやすい。
　以上の結果から、ヨコけい線の持つ重要性がうかがえるので、実用にあたって、基本的には使用するけい線の形状が最も重要であるが、けい線の入れ方についての管理と加工したけい線の強度を確認しそれを活用する必要がある。

## 1.3　0201形箱の圧縮試験における内フラップの影響

　0201形箱の圧縮試験中における内フラップの挙動は微妙であり、圧縮試験時における箱の組み立て方に十分注意しないと、真の圧縮強さを評価するのは難しい。

### 1.3.1　圧縮試験中の内フラップの挙動

　一般の段ボール箱製造工程で加工される0201形箱は、図4-3に示すようにヨコけい線は一直線で加工されるのが普通であり、空箱として組み立てて封

緘すると内フラップは外フラップによって上部から押さえ付けられるため、やや内部へ垂れ下がり気味の状態にある。

図4-3 0201形箱の製造加工部の名称

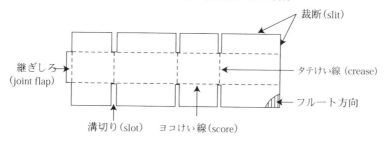

　このような状態で圧縮荷重をかけてゆくと図4-4に示すように、内フラップの先端は一層内部へ垂れ下がる傾向を示し、箱の長さ面を内部から支えるような挙動を示す。

図4-4 圧縮試験における内フラップの状態

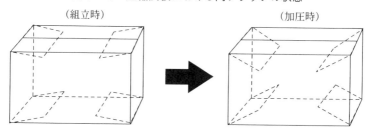

　さらに箱に荷重が加えられると、箱の側面は、段ボールの反りの発生状態によって図4-5に示すような側面の変化を誘発する。

図4-5　垂直荷重による段ボール箱側面の曲げられた状況

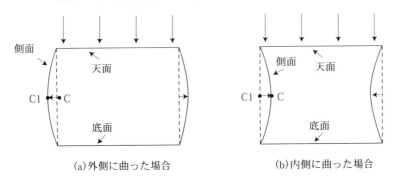

(a)外側に曲った場合　　　(b)内側に曲った場合

　しかし、実際には必ず内容品がタイトに詰められているので、外側に湾曲した現象いわゆる「胴ぶくれ」が発生する。
　それゆえに、こと箱圧縮強さのみに絞って考えると、箱の外壁はやや内側に反って(逆ゾリ)いる方が望ましいことになる。
　もし、箱の側壁が内側に湾曲して潰れる場合には、圧縮強さに対しかなりプラス側に作用する傾向を示す。
　このような空箱内の内フラップの挙動は、箱の大きさ、特に深さと、段ボールの種類と品質などによって影響の度合いは異なるが、少なくとも真の圧縮強さを把握するには、内フラップを固定する作業が必要である。

## 1.3.2　内フラップの固定方法

　圧縮試験に先立って内フラップを固定する方法にはいくつかの方法があるが、代表的な固定方法について図4-6に示す。

### 図4－6　内フラップの固定方法

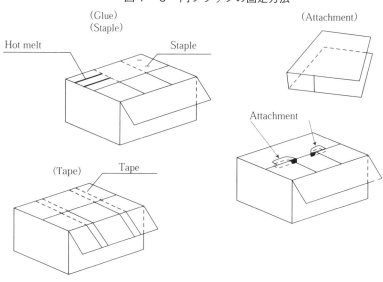

　一般に箱を組み立てる場合、底フラップの固定は比較的簡単に出来るが、天フラップの固定は構造上非常にやりにくい。

　現在、内フラップ固定方法に関する規格はないが、固定する場合に注意しなければならないことは、出来るだけ箱に水分を与えない方法を選ぶことと、固定する前にフラップを90°以内の範囲で外側に折り曲げる作業を忘れてはならない。

## 2　段ボール箱の圧縮強さの計算式

　既述したように段ボール箱の圧縮強さは、最も重要な物性の一つであるがその確認は箱を作ってから、いちいち圧縮試験をして確認しなければわからないということでは、何かと不便であり、合理的な段ボール箱の設計ができない。

　そこで、原紙あるいは少なくとも段ボールの圧縮強さから計算できないかという要望に応えて、アメリカ人によって作られた4つの計算式が有名である。

もちろん、この4式はO201形箱に限られるが、それらの式を紹介すると共に実用性について試してみた。

## 2.1　O201形箱の計算式
　これら4式について以下に詳述する。

### 2.1.1　ケリカット式
　ケリカット氏、正確にはK.Q.KELLICUTTが発表した段ボール箱の圧縮強さの計算式は、いくつか発表されたこの種の計算式の中でわが国で最も親しまれ多用されている式である。
　その理由は、他の式に比較して最も実際の測定値に近い値が得られるからであると考えられて来たからである。
　ケリカット式は、次に示すのが原式である。
　すなわち

$$P = Px \left( \frac{(\alpha x_2)^2}{(Z/4)^2} \right)^{1/3} JZ \quad \cdots\cdots\cdots\cdots ケリカット式$$

　ここに、P＝求める段ボール箱の圧縮強さ（1b）
　　　　Px＝使用する原紙の1インチ当たりの総リングクラッシュ強さ（1b）
　　　　　＝［(表ライナ＋α×中しん＋裏ライナ)のリングクラッシュ強さ］÷6
　　　　α＝中しんの段繰率

Z＝箱の周辺長（in）＝2×（長さ＋幅）

$\alpha$ x2＝フルート常数

  Aフルート＝8.36

  Bフルート＝5.00

  Cフルート＝6.10

J＝箱の常数

  Aフルート＝0.59

  Bフルート＝0.68

  Cフルート＝0.68


　ケリカット式は、段ボール箱の圧縮強さを求めるのに次のことがわかっていなければならない。

　(1) 作ろうとする段ボール箱の大きさがわかっていること。

　(2) 使用する原紙の横方向のリングクラッシュ強さがわかっていること。

　(3) 使用する段ボールのフルートの種類を決めること。

　これら3つの条件を決定すれば計算することが出来る。

　また逆に、必要とする箱の圧縮強さが決まっている場合に、その強度を満足出来る原紙を決めることも可能である。


## (1) ケリカット式における複両面段ボール箱の五十嵐常数

　元々ケリカット原式には複両面段ボールを使用した場合の恒数はなかった。その理由としてはアメリカでは複両面段ボールの使用比率が非常に少ないからと考えられるからである。

　これと対照的に、わが国では昭和30年代に木箱から段ボールへの急速な転換が始まり、当時のわが国の物流条件は非常に悪かったこともあったため複両面段ボールの使用比率が高かったので複両面段ボール箱の圧縮強さの計算式が強く求められた。そんな中で、著者は1965年（昭和40年）にケリカット式の中に複両面ABフルートの恒数を求めることを試みたので、ここにその詳細に

ついて述べる。

　ケリカット式に複両面段ボールABフルートを使用した場合の常数、すなわち、フルート常数 $\alpha x_2$ と箱の常数Jを実験的に求めた結果は以下の通りである。

① 複両面段ボール箱の圧縮強さの測定

　ケリカット式における複両面段ボール箱の常数を求めるために代表的な寸法の箱を選んで箱を作り、それぞれの箱に使用した原紙と箱の圧縮強さを測定した。

　また、この時に選んだ箱の寸法条件としては、ケリカット式を利用しやすくするために、最小周辺長を40インチ（約100cm）とし、さらに10インチ（25.4cm）刻みごとに大きくし、箱の長さと幅の比率を5：3とし、深さは12インチ（約30cm）と一定にした。

　従って、箱の周辺長は表4－1に示す5水準とし、選んだ段ボールの種類は表4－2に示す5水準とし、この両者を組み合わせて実測を試みた。

表4－1　箱の周辺長（Z）周辺長

| 周辺長　　　　　区分 | 1 | 2 | 3 | 4 | 5 |
|---|---|---|---|---|---|
| in | 40 | 50 | 60 | 70 | 80 |
| cm | 101.6 | 127.0 | 152.4 | 177.8 | 203.2 |

表4－2　複両面段ボールの種類と使用原紙

| 箱の記号 | 該当JIS | 使用原紙 | | | | |
|---|---|---|---|---|---|---|
| | | 表ライナ | Aフルート中しん | 中ライナ | Bフルート中しん | 裏ライナ |
| A | CD-1 | C-200 | SCP-125 | SCP-125 | SCP-125 | C-200 |
| B | | B-220 | 〃 | 〃 | 〃 | C-200 |
| C | CD-2 | B-220 | 〃 | 〃 | 〃 | B-220 |
| D | CD-3 | A-280 | 〃 | 〃 | 〃 | A-280 |
| | | B-300 | 〃 | 〃 | 〃 | B-300 |
| E | CD-4 | A-320 | 〃 | A-200 | 〃 | A-320 |
| | | B-340 | 〃 | B-220 | 〃 | B-340 |

*- 152 -*

第4章　段ボール箱の圧縮強さ

また、上記段ボールに使用した原紙のリングクラッシュ強さの測定結果は、表4-3に示す通りである。

以上に示した条件で製作した無地の複両面段ボール箱の圧縮強さの実測結果は、表4-4および図4-7に示す通りであり、周辺長別に大体同じような上昇傾向を示すということが確認出来る。

表4-3
原紙のリングクラッシュ強さ

| 原紙の種類 | リングクラッシュ強さ (N) | (lb) |
|---|---|---|
| SCP-125 | 137 | 30.8 |
| C-200 | 245 | 55.0 |
| B-200 | 294 | 66.0 |
| A-200 | 343 | 77.0 |
| B-220 | 343 | 77.0 |
| A-280 | 441 | 99.0 |
| B-300 | 441 | 99.0 |
| A-320 | 539 | 121.0 |
| B-340 | 539 | 121.0 |

表4-4　段ボール箱の圧縮強さ測定結果

| 段ボール箱の記号 \ 周辺長 (in) | 40 | 50 | 60 | 70 | 80 |
|---|---|---|---|---|---|
| A | 1,097.4 | 1,183.8 | 1,256.8 | 1,321.4 | 1,385.1 |
| B | 1,172.5 | 1,335.2 | 1,390.0 | 1,436.1 | 1,474.2 |
| C | 1,273.8 | 1,476.2 | 1,512.6 | 1,568.5 | 1,595.7 |
| D | 1,473.2 | 1,680.7 | 1,730.8 | 1,843.9 | 1,855.8 |
| E | 1,946.4 | 2,107.2 | 2,216.8 | 2,323.4 | 2,420.6 |

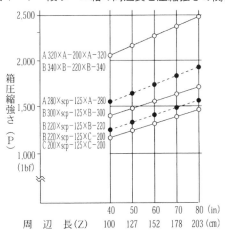

図4-7　段ボール箱の周辺長と圧縮強さの関係

- 153 -

② 圧縮強さの実測値からα x₂およびJ決定への手法

　過去の実測結果によると、ケリカット式によって算出した箱の圧縮強さの計算値と、実際に段ボール箱を作って実測した値との関係については、次の通りであるといえる。

計算値＜実測値

　そして、両者の差は多くの実測結果から大体5％前後であると推測される。

　それゆえに、このアップ率を5％として、ケリカット式における複両面段ボールの常数"α x₂"と"J"の探究を試みた。

　前記したケリカット式における両面段ボールの常数"α x₂"と"J"をまとめると表4-5に示す通りである。

　そこで、Jを求める手段としてα x₂を固定して、複両面A・Bフルートのα x₂を次のように仮定した。

表4-5　ケリカット式における常数

|  | α x₂ | J |
|---|---|---|
| Aフルート | 8.36 | 0.59 |
| Bフルート | 5.00 | 0.68 |
| Cフルート | 6.10 | 0.68 |

ABフルートのα x₂＝α x₂（Aフルート＋Bフルート）＝8.36＋5.00

＝13.36　とした。

③ J決定の手法

　α x₂を13.36と固定すれば、後は既述した理由に基づき、表4-4に示した実測によって求めた箱の圧縮強さの95％を算出して表4-6に示し、それぞれの値をケリカット式によって求めた箱の圧縮強さをPとした。

表4-6　実測圧縮強さの95％値

| 強度 ＼ 周辺長 (in) ＼ 段ボール箱の記号 | 実測圧縮強さの95％値（ℓ bf） | | | | |
|---|---|---|---|---|---|
|  | 40 | 50 | 60 | 70 | 80 |
| A | 1,042.5 | 1,124.6 | 1,194.0 | 1,255.3 | 1,315.8 |
| B | 1,113.9 | 1,268.4 | 1,320.5 | 1,364.3 | 1,400.5 |
| C | 1,210.1 | 1,402.4 | 1,437.0 | 1,490.1 | 1,515.9 |
| D | 1,399.5 | 1,596.7 | 1,644.3 | 1,751.7 | 1,767.3 |
| E | 1,849.1 | 2,001.8 | 2,106.0 | 2,207.2 | 2,299.6 |

第4章　段ボール箱の圧縮強さ

　次に、$\alpha_{x_2}=13.36$ を $\left[\dfrac{(\alpha_{x_2})^2}{(Z/4)^2}\right]^{1/3}$ に代入して、それぞれの周辺長に対する値を求めてみると表4-7に示すようになる。

表4-7　$\left[\dfrac{(\alpha_{x_2})^2}{(Z/4)^2}\right]^{1/3}$ の計算値

| 計算値 | $\left[\dfrac{(13.36)^2}{(Z/4)^2}\right]^{1/3}$ の計算値 | | | | |
|---|---|---|---|---|---|
| 周辺長 (in)　　　　　　　段ボール箱の記号 | 40 | 50 | 60 | 70 | 80 |
| AB フルート | 1.213 | 1.045 | 0.926 | 0.835 | 0.764 |

　表4-7に示したように $\left[\dfrac{(\alpha_{x_2})^2}{(Z/4)^2}\right]^{1/3}$ の値が決まれば、さらに、それぞれの段ボールに使用したライナおよび中しんのリングクラッシュ強さPxがすでに実測されているので、それぞれの周辺長に対する $Px\left[\dfrac{(\alpha_{x_2})^2}{(Z/4)^2}\right]^{1/3}Z$ を計算によって求めると表4-8に示す通りである。

　ただし、段繰率は次の通りとして計算した。

　　　　Aフルート=1.6

　　　　Bフルート=1.4

表4-8　　$Px\left[\dfrac{(\alpha_{x_2})^2}{(Z/4)^2}\right]^{1/3}Z$ の計算値

| 計算値 | $Px\left[\dfrac{(\alpha_{x_2})^2}{(Z/4)^2}\right]^{1/3}Z$ の計算値 | | | | |
|---|---|---|---|---|---|
| 周辺長 (in)　　　　　　　段ボール箱の記号 | 40 | 50 | 60 | 70 | 80 |
| A | 1,889.9 | 2,035.1 | 2,164.1 | 2,276.6 | 2,380.6 |
| B | 2,067.9 | 2,227.0 | 2,368.2 | 2,491.3 | 2,604.8 |
| C | 2,246.5 | 2,419.8 | 2,572.4 | 2,706.2 | 2,829.9 |
| D | 2,602.9 | 2,803.2 | 2,980.8 | 3,135.8 | 3,279.1 |
| E | 3,334.0 | 3,590.0 | 3,817.8 | 4,015.9 | 4,199.2 |

これらの結果から、表4－6に示したPと表4－8に示し $Px\left[\dfrac{(\alpha x_2)^2}{(Z/4)^2}\right]^{1/3}Z$ の値がわかっているので、ケリカット式を変形してJを求めることが出来る。すなわち、

$$P=Px\left[\dfrac{(\alpha x_2)^2}{(Z/4)^2}\right]^{1/3}JZ\ \cdots\cdots\cdots\cdots\ \text{ケリカット式}$$

$$J=\dfrac{P}{\left[\dfrac{(\alpha x_2)^2}{(Z/4)^2}\right]^{1/3}}\ \cdots\cdots\cdots\cdots\ \text{ケリカット式の変形式}$$

ケリカットの変形式に表4－6に示したP、表4－8に示した $Px\left[\dfrac{(\alpha x_2)^2}{(Z/4)^2}\right]^{1/3}Z$ の値をそれぞれ代入して、Jの値を計算した結果を表4－9に示す。

表4－9　Jの計算値

| 強度 <br> 段ボール箱の記号 ＼ 周辺長 (in) | Jの計算値 | | | | |
|---|---|---|---|---|---|
| | 40 | 50 | 60 | 70 | 80 |
| A | 0.5529 | 0.5526 | 0.5517 | 0.5527 | 0.5522 |
| B | 0.5387 | 0.5696 | 0.5576 | 0.5377 | 0.5502 |
| C | 0.5387 | 0.5795 | 0.5586 | 0.5357 | 0.5526 |
| D | 0.5377 | 0.5696 | 0.5516 | 0.5377 | 0.5516 |
| E | 0.5546 | 0.5576 | 0.5516 | 0.5476 | 0.5520 |
| 平均値 | 0.5445 | 0.5654 | 0.5542 | 0.5423 | 0.5516 |

以上のように、ケリカット式によって複両面段ボールABフルートの箱圧縮強さを計算するには、

$$\alpha x_2=13.36$$

$$J=0.55$$

を常数とすれば、両面段ボールと同じように計算によって求めることが出来る。

さらに、同様にして複両面段ボールBCフルートの常数を求めると次の通り
である。

$$\alpha\,x_2 = 11.10$$

$$J = 0.586$$

　すなわち、ケリカット式に複両面ABおよびBCフルート常数を付け加え
五十嵐常数とした。

$$P = Px\left[\frac{(\alpha\,x_2)^2}{(Z/4)^2}\right]^{1/3}JZ$$

　ここに、ケリカット式の全ての常数を集約すると次の通りである。

　　　P　＝　求める箱の圧縮強さ（$\ell$ bf）

　　　Px　＝　使用した原紙の1in当たりの総リングクラッシュ強さ（$\ell$ bf）

　　　Z　＝　箱の周辺長（in）＝2×（長さ＋幅）（in）

　　$\alpha$ X_2　＝　フルート常数

　　　　　Aフルート＝8.36　　ABフルート＝13.36

　　　　　Bフルート＝5.00　　BCフルート＝11.10

　　　　　Cフルート＝6.10

　　　J＝箱のフルート常数

　　　　　Aフルート＝0.59　　ABフルート＝0.55

　　　　　Bフルート＝0.68　　BCフルート＝0.586

　　　　　Cフルート＝0.68

## 2.1.2　マルテンホルト式

　マルテンホルト（MALTENFORT）氏は、表裏に使用するライナの横方向の
コンコラライナ強さ（CLT－0）の平均値から段ボール箱の圧縮強さを計算する
次式を作った。

　　Aフルート＝（5.8×長さ）＋（12×幅）－（2.1×高さ）＋6.5×（CLT－0）＋365

Cフルート＝(5.8×長さ)＋(12×幅)−(2.1×高さ)＋6.5×(CLT−0)＋350
Bフルート＝(5.8×長さ)＋(12×幅)−(2.1×高さ)＋5.4×(CLT−0)＋212

マルテンホルト式における単位は、インチ、ポンドである。
また、コンコラライナ試験方法は図4−8に示す通りである。

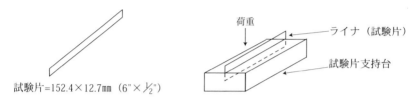

図4−8　CLTと試験片

リングクラッシュ値からCLTを求める計算式は、次に示す五十嵐式による。

$$Y = 3.423 + 0.0005827 X^{2.748}$$

ここに、
　　　　Y：CLT (kgf)
　　　　X：リングクラッシュ値 (kgf)
詳細は「段ボール包装技術実務編」(日報出版)を参照されたい。

## 2.1.3　マッキー式

　マッキー(MAKEE)氏は、使用する段ボールの縦方向の圧縮強さ(ショートコラム強さ)の単位長さ当たりの値と段ボールの厚さから段ボール箱の圧縮強さを計算する次式を作った。

$$BCT = 5.874 \times Pm \times Z^{0.492} \times h^{0.508}$$

ここに、

　　　　BCT：求める箱の圧縮強さ（$\ell$bf）

　　　　Pm ：使用した段ボールのショートコラム強さ（$\ell$bf／in）

　　　　h　：使用した段ボールの厚さ（in）

　　　　Z　：箱の周辺長＝2×（長さ＋幅）（in）

それゆえ、マッキーの式をさらに簡略化すると

$$BCT = 5.87 \times Pm \times \sqrt{h} \times \sqrt{Z}$$

となる。

## 2.1.4　ウルフ式

　ウルフ（WOLF）氏は、使用する段ボールの垂直圧縮強さ、段ボールの厚さを基本物性とし、作ろうとする箱の周辺長、タテ・ヨコ比、及び箱の高さを構造上の要因として算出する次式を作った。

$$S = \frac{5.2426 \times F \times \sqrt{Z} \times (0.3228A - 0.1217A^2 + 1)}{D^{0.041}}$$

ここに、

　　　　S：求める箱の圧縮強さ（$\ell$bf）

　　　　F：変数

　　　　　F=$\sqrt{h}$×E

　　　　　　h：段ボールの厚さ（in）

　　　　　　E：ショートコラム強さ（$\ell$bf／in）

　　　　A：箱のタテ・ヨコ比

D：箱の高さ(in)

Z：箱の周辺長(in)

## ２.１.５　４式の計算と比較

これら４式に対し同一の原紙を使用して同一寸法の箱を作ることを想定して
それぞれの値を代入し計算し比較してみると以下の通りである。

### (1) 箱の設計条件

①箱の寸法：$360 \times 300 \times 250$ mm→（$14.1 \times 11.8 \times 9.8$in）（Aフルート）

②使用原紙：A$-220 \times$B$-120 \times$A$-220$（Aフルート$=1.6$、厚さ：5mm）

③リング値：　　363N　　　108N　　　363N

　ポンド換算：$81.4\,\ell$bs　$24.2\,\ell$bs　$81.4\,\ell$bs

### (2) 4式の計算：上記条件を4式に代入した計算結果

① ケリカット式

$$P = Px \left[ \frac{(\alpha x_2)^2}{(Z/4)^2} \right]^{1/3} JZ$$

$$P = 33.58 \times \left[ \frac{(8.36)^2}{(51.8/4)^2} \right]^{1/3} \times 0.59 \times 51.8$$

$$= 766.6\,\ell\text{bf}$$

② マルテンホルト式

Aフルート $= (5.8 \times$ 長さ$) + (12 \times$ 幅$) - (2.1 \times$ 高さ$) + 6.5 \times ($CLT$-0) + 365$

$\qquad$ P $= (5.8 \times 14.1) + (12 \times 11.8) - (2.1 \times 9.8) + 6.5 \times 33.66 + 365$

$\qquad\quad = 766.6\,\ell\text{bf}$

③ マッキー式

BCT= 5.87×Pm×$\sqrt{k}$×$\sqrt{z}$

P　= 5.87×40.3×$\sqrt{0.195}$×$\sqrt{51.8}$

　　= 751.9 $\ell$bf


④ ウルフ式

$$S=\frac{5.2426F\sqrt{Z}\,(0.3228A-0.1217A^2+1)}{D^{0.041}}$$

$$S=\frac{5.2426\times\sqrt{0.195}\times40.3\times\sqrt{51.8}\times\left(0.3228\times\left(^{14.9}/_{11.8}\right)-0.1217\times\left(^{14.1}/_{11.8}\right)^2+1\right)}{9.8^{0.041}}$$

　=741.2 $\ell$bf


　ただし、式中のショートコラム強さは、TAPPI規格により測定した結果を用いた。また、CLT−0は、リング値から次式により求めた。

　Y=3.423+0.0005827X$^{2.748}$

　以上の計算結果から、4式は非常に近似した価を示すことが確認できた。


## 2.1.6　ケリカット式の簡易計算式

　ケリカット式により段ボール箱の圧縮強さの計算をするには、立方根を開かなければならないので、計算が複雑になる。

　そこで、もっと簡単な計算式に改造できないかという発想に基づいてケリカット式を変形してみると次の通りになる。

　すなわち、ケリカット式

$$P=Px\left(\frac{(\alpha x_2)^2}{(Z/4)^2}\right)^{1/3}JZ$$

において、常数をあげてみると$\alpha x_2$とJであるが、あらかじめ作ろうとする

箱の寸法は設計の段階で決まるのが当然であるから、周辺長Ｚも常数として考えてもよいことになる。

　それゆえに、ケリカット式における右辺の内、Px以外はすべて常数となるので、

$$\left( \frac{(\alpha x_2)^2}{(Z/4)^2} \right)^{1/3} JZ = F$$

と置換することが出来るので、ケリカット式を次のように簡略化出来る。

$$P = Px \times F \quad \cdots\cdots\cdots\cdots\cdots\cdots \quad ケリカット簡易式$$

　このケリカット簡易式を用いれば、周辺長Ｚがきまり、Pxがわかれば箱の圧縮強さを簡単に計算することが出来る。

　そこで、予め周辺長Ｚに対応する常数Fを10㎝刻みで、両面段ボール、Aフルート、Bフルート、Cフルート、複両面段ボールABフルート、BCフルートについて計算した結果を示すと表4-10の通りである。なお、中間のF値は比例配分で計算すればよい。

［例題］

　寸法360×300×250㎜の大きさの0201形箱をA-220・MB-120・A-220の原紙を使用してAフルート段ボールで作った場合の圧縮強さを計算せよ。

　ただし、使用する原紙のリングは次の通りとする。

　ライナ：A-220＝343N

　中しん：MB-120＝108N　とし、Aフルートの段繰り率は1.6とする。

第4章　段ボール箱の圧縮強さ

表4-10　F値

| Z (cm) | 両面段ボール | | | 複両面段ボール | |
| --- | --- | --- | --- | --- | --- |
| F値 | A-F | B-F | C-F | AB-F | BC-F |
| 70 | 18.5 | 15.1 | 17.3 | 23.6 | 22.2 |
| 80 | 19.3 | 15.8 | 18.1 | 24.7 | 23.2 |
| 90 | 20.1 | 16.5 | 19.0 | 25.7 | 24.1 |
| 100 | 20.8 | 17.0 | 19.5 | 26.6 | 25.0 |
| 110 | 21.5 | 17.6 | 20.1 | 27.4 | 25.8 |
| 120 | 22.1 | 18.1 | 20.7 | 28.2 | 26.6 |
| 130 | 22.7 | 18.6 | 21.3 | 29.0 | 27.3 |
| 140 | 23.3 | 19.1 | 21.8 | 29.7 | 28.3 |
| 150 | 23.8 | 19.5 | 22.3 | 30.4 | 28.6 |
| 160 | 24.4 | 19.9 | 22.9 | 31.1 | 29.2 |
| 170 | 24.9 | 20.3 | 23.2 | 31.7 | 29.8 |
| 180 | 25.3 | 20.7 | 23.7 | 32.3 | 30.4 |
| 190 | 25.8 | 21.1 | 24.1 | 32.9 | 31.0 |
| 200 | 26.2 | 21.5 | 24.5 | 33.5 | 31.5 |
| 210 | 26.7 | 21.8 | 24.9 | 34.0 | 32.0 |
| 220 | 27.1 | 22.2 | 25.3 | 34.6 | 32.5 |
| 230 | 27.5 | 22.5 | 25.7 | 35.1 | 33.0 |
| 240 | 27.9 | 22.8 | 26.1 | 35.6 | 33.5 |
| 250 | 28.3 | 23.1 | 26.4 | 36.1 | 33.9 |
| 260 | 28.6 | 23.4 | 26.8 | 36.5 | 34.2 |
| 270 | 29.0 | 23.7 | 27.1 | 37.0 | 34.8 |
| 280 | 29.4 | 24.0 | 27.4 | 37.5 | 35.2 |
| 290 | 29.7 | 24.3 | 27.7 | 37.9 | 35.6 |
| 300 | 30.0 | 24.6 | 28.1 | 38.3 | 36.1 |

［解答］

　　Px=（343+1.6×108+343）÷6=143,1NXO,225=32.2lbf

　　Z=2×（360+300）=132cm×0.39=51.48in

　　　　表4-10からF132cm=22.7+0.6×2/10（比例配分）=22.82

　これらの諸条件をケリカットの原式と簡易式に代入して計算してみると表4
-11に示すようになる。

表4-11 ケリカット原式と簡易式の比較

| Kellicut原式 | Kellicut簡易式 |
|---|---|
| $P=Px\left[\dfrac{(\alpha x_2)^2}{(Z/4)^2}\right]^{1/3}JZ$ | $P=Px\times F$ |
| $Px$ ：32.2 $\ell$bf | $P=Px\times F$ |
| $aX_2$：8.36 | $Px=143.1N$ |
| $J$ ：0.59 | $F=22.82$（表4-10から） |
| $Z$ ：51.48in | |
| $P=32.2\left[\dfrac{(8.36)^2}{(51.48/4)^2}\right]^{1/3}\times0.59\times51.48$ | $P=143.1N\times22.82$ |
| $=32.2\left(\dfrac{69.89}{165.64}\right)^{1/3}\times30.37$ | $=\boxed{3,265.5N}$ |
| $=32.2\,(0.4219)^{1/3}\times30.37$ | |
| $=32.2\times22.78$ | |
| $=733.5\,\ell bf\times4.4524$ | |
| $=\boxed{3,265.8N}$ | |

　ゆえに、Kellicut原式 ≒ Kellicut簡易式となることが立証出来る。

　以下、同様にして両面B-F、C-F，複両面AB-F、BC-Fについても簡単に計算することが出来る。


# 3　0201形箱以外の形式の圧縮強さ計算式

　段ボール箱の形式と圧縮強さとは、換言すれば段ボール箱の構造的な強度ということが出来る。

　すなわち、箱の形式によってフルート方向がどのように使われるかでおのずから決まり、箱の圧縮強さに大きな影響を及ぼすことがわかる。

　それでは、箱の形式と圧縮強さとの関係がどんな傾向を示すかについて、使用する段ボールの種類、材質、寸法を一定にし、代表的な箱の形式を選んで箱を作成しそれらの圧縮強さを測定してみると図4-9に示すようになる。

第4章　段ボール箱の圧縮強さ

［箱作成の条件］
(1) 段ボールの種類：両面Aフルート
(2) 材質：B-220×MB-125×B-220
(3) 箱の寸法：360×300×250㎜
(4) 箱の形式（コード番号）：①0201
　　　　　　　　　　　　　　②0203
　　　　　　　　　　　　　　③0504
　　　　　　　　　　　　　　④0510
　　　　　　　　　　　　　　⑤0301
　　　　　　　　　　　　　　⑥0320

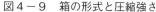

図4-9　箱の形式と圧縮強さ

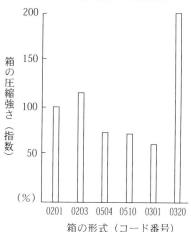

この結果、0201形箱の圧縮強さを指数100とすると、それぞれの箱の形式によって大きな差が生じることがわかる。

本来ならば、全ての形式の箱の圧縮強さを計算で求められれば大変便利であるが、現状では、それは無理であるために代表的な輸送箱の圧縮強さの計算方法について述べる。

## 3.1　ラップ・ラウンド箱（Wrap around box）の計算式

ラップ・ラウンドボックス（以下W・Aと記す）0416形箱は構造的には0201形の変形であり、立体図で比較してみると図4-10に示すごとくであり、見方によっては0201形箱とほとんど変わりはないといえる。

図4-10　0201形箱とW・A箱の構造比較

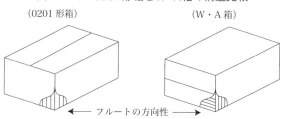

しかし、実用面からの基本的な違いはフラップの位置がどの位置になるかという点であり、0201形は天地面に、W・A形は幅面になるということであり、ここに構造的な差が生じ、当然箱の圧縮強さに強弱の差として表れてくることは言うまでもないことである。

　図4-10に見られるように、0201形箱は、段ボールのフルートが圧縮強さに対してすべて最も有効に使われているのに対し、W・A形箱は、長さ面はフルートが有効に使われているが、幅面における外フラップのフルートの方向が最も弱い方向に使用されているために、同寸法の場合、W・A箱は0201形箱に比較して圧縮強さは20％くらい弱くなると考えるべきである。

　それゆえに、W・A箱を使用する場合には、包装する内容物のみで積み上げ条件に耐えられる積載荷重を保持しているものに限定される。

　そして、ラップ・ラウンド箱としての有位性である段ボールの使用面積やパッケージングの高速性能を生かすことに絞って使用しなければならない。参考までに、缶類、びん類の代表的な単体の圧縮強さの測定結果を図4-11に示す。

　このように、缶類およびびん類は単体で非常に強い圧縮強さを持っているので、段ボール箱自体の圧縮強さはまったく要求されず、むしろしっかりと包み込んでいれば包装の役目を十分に果たすことが出来る。

　ラップ・ラウンドボックスの圧縮強さの計算式については公認されていないが、経験的には、次式によって計算出来る。

$$P = P_K \times 0.8$$

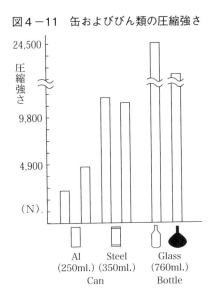

図4-11　缶およびびん類の圧縮強さ

ここに、

P：ラップ・ラウンドボックスの圧縮強さ（N）

$P_K$：ケリカット式で計算して求めた0201形箱の圧縮強さ（N）

［例題］

$P_K$＝-3.499Nである場合のPは次の通りである。

［計算］

P=3.499N×0.8=2,799.2Nとなる

元来、04タイプは組立箱であるからパッケージ性能に優れた形式で、箱圧縮強さは個装で支えると考えるのが常識であったが、最近では、本書図7－6に示す簡易型の半自動方式の包装機を用いて超軽量で壊れやすい食品、製菓類の包装にも使用され魅力の幅を拡げている。

## 3.2　ブリス・ボックス（Bliss box）の計算式

ブリス・ボックスは、考案者Blissの名前をとって命名された形式であり、その基本形式は0601形である。図4－12に示すように1枚のメインパネル（ボディブランク）と2枚のサイドパネル（エンドパネル）を組み合わせて作られる。

図4－12　ブリス・ボックス

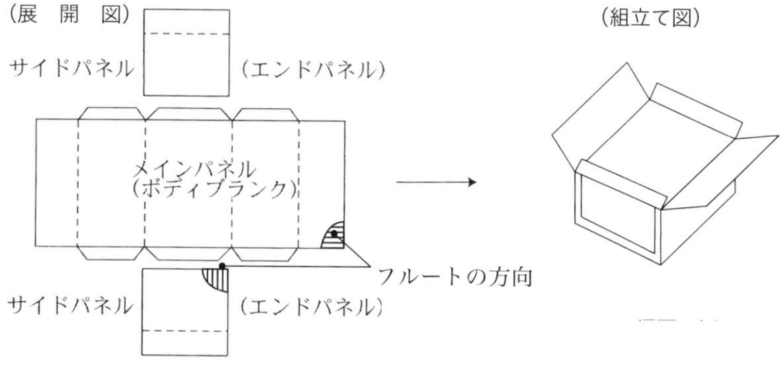

ブリス・ボックスの圧縮強さはケリカット簡易式を使用し、さらに、実験的に求めた恒数を併用することにより、次式によって計算出来る。

$$P = 1.29 \times (P_A + P_B) - 1,050$$

ここに、

　　　P：ブリス・ボックスの圧縮強さ（N）

　　　PA：（ボディブランクに使用した原紙のリング値からケリカット式で計算した箱圧縮強さ）×L÷（L+W）

　　　PB：（エンドパネルに使用した原紙のリング値からケリカット式で計算した箱圧縮強さ）×W÷（L+W）

［例題］

　箱の寸法：360×300×250㎜

　構成原紙：A-220×MA-125×A-220

　リング値：343N　147N　343N

　フルート：Aフルート（段繰率=1.6）


［計算］

　まず、0201形箱の圧縮強さをケリカット簡易式で計算すると、

　　　$P = P_X \times F = (343 + 1.6 \times 147 + 343) \div 6 \times 22.8 = 3,500N$

となるので、これを$P = 1.29 (P_A + P_B) - 1,050$式に代入する。

$$P = 1.29 \times \left[ 3,500 \times 36 \big/ (36+30) + 3,500 \times 30 \big/ (36+30) \right] - 1,050$$

$$= 1.29 \times (1,909 + 1,591) - 1,050$$

$$= 3,465N$$

これら3片の段ボールは、接着剤、主としてホットメルト接着剤によって接合されて箱が完成される。

従って、底面は02形箱のように内フラップの長さと幅によって生じる凸凹がなくフラットな状態になることと、底抜けという現象が起きないのが構造的な特色である。

また、圧縮強さを異種の材質、品質のものを組み合わせて作りあげることが出来るので、ある範囲内であればコントロール出来るのも他の形式に見られない大きな特色である。

一般に、エンドパネルの材質や品質を変えることによって箱の圧縮強さを調製するのが常識であり、普通、ボディブランクには両面段ボールを使用し、エンドパネルには複両面段ボールを使用することが多いが、時にはベニヤ板を使用することも出来る。

## 4　段ボール箱の圧縮強さに影響する構造的な諸要因

段ボールの圧縮強さに影響する要因について、基本的なものをいくつかあげてみると次の通りである。

もちろんこれ以外にも段ボールの反り、段ボール印刷におけるデザイン、印刷面積および印圧などの箱製造技術による影響も少なからぬ要因になることは言うまでもないことである。

これら3つの構造的な要因については、包装しようとする内容物が決まっている場合にはどうにもならないが、内容物が流動的で、或る範囲内であれば自由に変化させることが出来る場合には、この3つの構造的な要因を最も有効に

使いこなすことが、段ボール箱の圧縮強さを高めるようなバランスのとれた寸法にすることが可能である。

　また、この3つの要因については、ある決められた容積内にいかに効率よく積み付けるか、いわゆる積載効率という点からも考慮しなければならない問題でもある。

　従って、箱を構成する長さ、幅と高さのバランスの決定は非常に重要である。以下、それらの構造的な要因を追求した結果について述べる。


## 4．1　箱の周辺長

　箱の周辺長Zは、一般に次の式で表される。

　　　　周辺長Z＝2×（長さ＋幅）

すなわち、箱の圧縮強さを支える全側壁に相当するわけであり、素材である段ボールに反りなどの欠陥がなければ周辺長が大きいほど強いことになる。

　とはいっても、一般に使用されている段ボール箱の最大周辺長は大体2mくらいまでであると推定される。

　そこで、いくつかの種類の段ボールを選び、箱の高さを一定にしておき、周辺長のみ変化させた場合に箱の圧縮強さがどうなるか、ケリカット式によって計算した結果を図4－13に示す。

　従って、ある限られ

図4－13　段ボール箱の周辺長と圧縮強さの関係

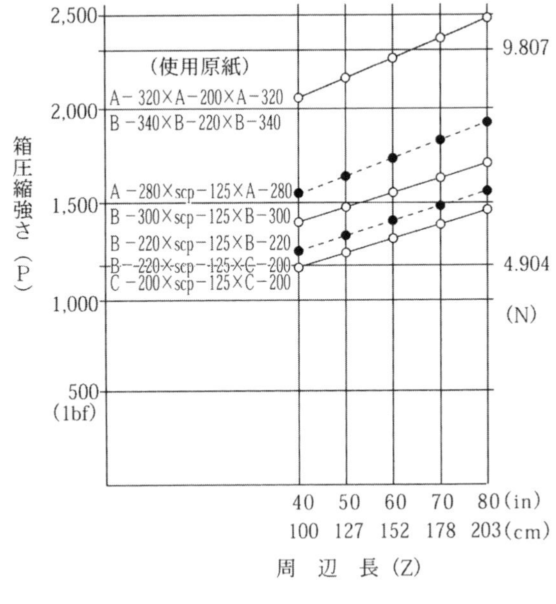

第4章　段ボール箱の圧縮強さ

た範囲内では両面および複両面段ボール共に周辺長の増加に伴って、箱の圧縮
強さのゆるやかな増加傾向がみられる。

　しかし、実際には、段ボールの種類や構造によって生じる厚さや、タテ・ヨ
コの曲げ剛さの強度比、それに反りなどの影響が出てくるものと予想されるの
で、計算上の強度との差が若干生じるものと考えられる。

## 4.2　箱の高さ

　箱の高さが高いか低いかによって箱の圧縮強さにどんな影響があるかを知っ
ておくことは、包装設計をする場合に重要である。

　常識的に考えると、われわれの頭の中に最初に浮かぶのは、高さが高い箱よ
りも低い箱の方が強そうだということである。

　それでは、実際に段ボール箱の高さの違いが圧縮強さにどんな影響を与える
のか、ある一定の範囲で、周辺長を一定にしておいて高さのみ10cm刻みで変
化させて100cmまで測定した結果を、図4–14に示す。

　この結果は、普通使用されているサイ
ズの0201形の箱であれば、高さが20cm
以下になると、それ以上の高さの箱に比
較すると少しずつ強くなり、10cmくら
いの高さになると20％くらい高くなる
傾向がある。

　また、高さが25cm以上から1mくら
いまではほとんど変化なく、だいたい同
一と考えて良い。

　もちろん1m以上の高さの箱になると、
反りなどの影響を一層受けやすくなるこ
とが予想される。

図4–14　箱の高さと圧縮強さ

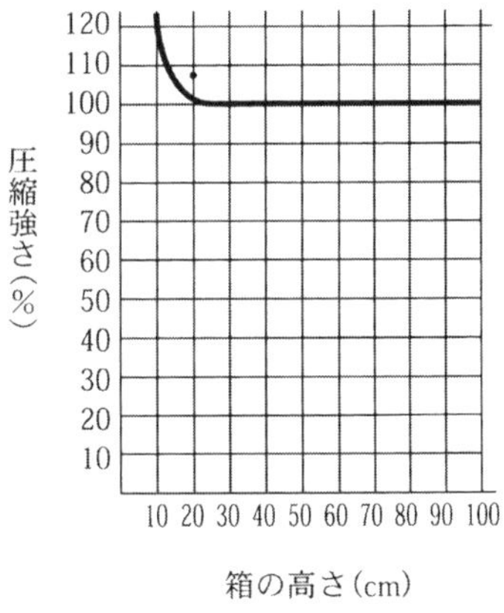

圧縮強さ（％）

箱の高さ（cm）

## 4.3 箱のタテ・ヨコ比

箱の周辺長が一定で、その範囲内でタテとヨコの寸法のバランスをどのようにしたら、箱の圧縮強さに最も有利であるかということを知っておくと、包装設計上非常に役に立つ。

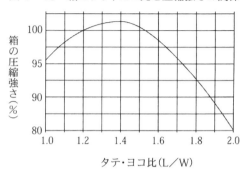

図4－15 箱のタテ、ヨコ比と圧縮強さの関係

一般的には段ボール箱のタテ・ヨコ比は、その割合が多少変化しても、それほど箱の圧縮強さに大きな影響を及ぼすことはないと考えがちである。

それでは、実際に段ボール箱のタテ・ヨコ比を一定の周辺長の範囲内で変化させた場合に、箱の圧縮強さにどんな影響が表れるか、0201形箱について実測した結果を図4-15に示す。

タテ・ヨコ比の変化の範囲は1／1から2／1で、常用される比率の高い範囲内と推定されるが、比較的ゆるやかではあるが、そのピークは1.4付近を中心にして円弧を描き、再び低下していくという傾向がみられる。

段ボール箱の包装設計にあたってタテ・ヨコ比をどう決めるかということは、圧縮強さを前提にして最も有効に決めるべきであるが、積載効率もまた重要な意義をもっているので、この両立がうまく釣り合うように考えて決める必要がある。

# 第5章　段ボール箱の品質設計

　段ボール箱の包装設計をする場合に、まず必要なことは、どんな段ボールを選ぶかということであり、その結果、どんな原紙を使うかが判明して、コストの目安もつけられることになるので、品質設計は重要である。
　従って、品質設計の基本は、次の2項目になる。

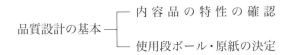

## 1　内容品の特性の確認

　包装しようとする内容品がどんな特性をもつか、また、どんな形状をしているかを正確に把握しなければならない。

### 1.1　内容品の特性の確認方法
　包装しようとする商品の特性を正確に把握することは、良い段ボール包装を行うに当っての基本であって極めて重要なことであり、少なくとも次に示す項目についてよく確認する必要がある。
　(1) 商品が耐えられるG値
　(2) 化学変化しやすいかどうか
　(3) 水分に対する影響はどうか

などである

### 1.1.1　形状の確認

　包装しようとする商品は、どんな形状で、大きさはどうか、また重さはどれ位であるかによって段ボール包装の方法は変わるが、基本的には、次のように大別できる。

```
                    ┌ 大　型 ─ 単体 ─ 外装 ─ 緩衝・固定・質量
　　包装の単位 ─┤
                    └ 小　型 ─ 複数 ┬ 個装
                                     └ 内装 ┘─ 形態・数量・質量
```

従って、段ボール包装の基本的なアプローチは、次のことが基本となる。

```
                          ┌ 単体質量をどれ位にするか
　段ボール包装の基準 ─┤
                          └ 箱の寸法比をどのようにするか
```

　これらの条件は、商品の性格や販売戦略の問題が絡み単純には結論をだせないが、この2つの条件は極めて深い相関性をもち、最終的には、個装の寸法の標準化に遡ることになる。これからの効率的な段ボール包装をするには、図5-1に示すようにまずパレットへの積付け効率をよく考え、物流コストの低減に寄与する箱寸

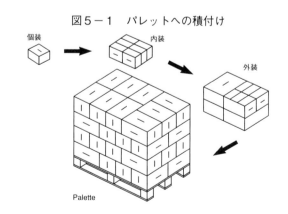

図5-1　パレットへの積付け

法の割出しを考えなければならない。

　もちろん、この目的を達成するには、単体、複数にかかわらず商品の設計段階で、この思想が十分に考えられていないと、その達成は難しいものと考える。

## 2　使用する段ボール・原紙の決定方法

　包装しようとする段ボール箱の仕様（大きさと重さ）が決まれば、どんな段ボールを使い、さらにどんな原紙を選んだらよいかということになるが、それには、次に示す2つの方法がある。

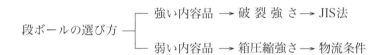

以下に、これらの選択方法について詳述する。

### 2.1　強い内容品の場合

　包装する内容品自体、あるいは個装、内装が強い場合には、段ボール箱で荷重を支える必要はなく、むしろ、段ボールの衝撃吸収性を活用して外部衝撃を和らげればよいので、JIS Z 1506「外装用段ボール箱」に規定されている包装制限を用いて次に示す手順で行う。

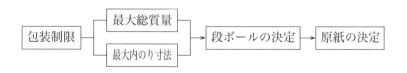

　ただし、この段階では使用する段ボール箱の重さが不明なので、商品の重さの3～5％と考えて加算する。

［例題］

　寸法360×300×250㎜、質量10㎏の商品を包装する場合には、どんなライナを使用したらよいか。

［解答］

包装制限 ┬ 最大総質量＝10×1.05＝10.5㎏ → CS-2　（表5-1）
　　　　 └ 最大内のり寸法＝36＋30＋25＝91㎝ → CS-1

→ $\boxed{\text{CS-2}}$ に決定（悪い条件を優先）

CS-2の破裂強さ $\dfrac{\text{JIS Z 1516}}{\text{外装用段ボール}}$ → 785kPa

使用ライナの破裂強さ＝785÷2＝392.5kPa

JIS P 3902「段ボール用ライナ」 $\dfrac{\text{近いものを}}{\text{探す}}$ → $\boxed{\text{C-210}}$ ＝412kPa

となる。

表5-1　外装用段ボール箱の規格（JIS Z 1506）

| 種類 | | 記号 | 使用する段ボール | 包装制限 (1) | |
|---|---|---|---|---|---|
| | | | | 最大総質量 (2) kg | 最大内のり寸法 (3) cm |
| 両面段ボール箱 | 1種 | CS-1 | 両面段ボール　1種 | 10 | 120 |
| | 2種 | CS-2 | 両面段ボール　2種 | 20 | 150 |
| | 3種 | CS-3 | 両面段ボール　3種 | 30 | 175 |
| | 4種 | CS-4 | 両面段ボール　4種 | 40 | 200 |
| 複両面段ボール箱 | 1種 | CD-1 | 複面段ボール　1種 | 20 | 150 |
| | 2種 | CD-2 | 複面段ボール　2種 | 30 | 175 |
| | 3種 | CD-3 | 複面段ボール　3種 | 40 | 200 |
| | 4種 | CD-4 | 複面段ボール　4種 | 50 | 250 |

注 (1) 包装制限は、JIS Z 1507（段ボール箱の形式）の0201形を基準としたものである。
　 (2) 最大総質量は、内容品質量と包装材料質量の和の最大値を示す。
　 (3) 最大内のり寸法は、長さ、幅及び深さの内のり寸法の和の最大値を示す。

## 2.2　弱い内容品の場合

　内容品が、外部衝撃に弱く、積み上げ荷重にも弱い場合には、全て段ボール箱で保護しなければならない。

　特に、ここでは、静的荷重に対する段ボール箱の圧縮強さの求め方について順を追って述べる。

### 2.2.1　必要圧縮強さの求め方

　段ボール箱設計の段階で、次に示す条件は明確化するので、どれ位の圧縮箱強さを必要とするかは計算によって求められ、使用する段ボール、さらに原紙を決定することが出来る。

　必要圧縮強さの求め方は箱の積載方法により、次に示す2つの計算式により推定出来る。

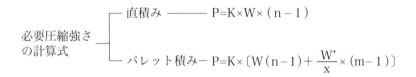

［例題］

　外寸法が360×300×250㎜、単体の重さが10kgの段ボール箱を12段積み上

げて貯蔵したい場合に、直積みとパレット積みの場合における箱の必要圧縮強さを求めよ。

ただし、パレットの寸法は、1,100×1,100㎜、重さを40kgとし、1パレットに4段積みとし、パレット3段積みとする。また、段ボール箱はパレットからはみださないように並べ、安全係数は3とする。

［解答－1］　直積みの場合

直積みの場合、最下段の箱にかかる荷重は、次式により計算できる。

$P = K × W × (n-1)$

$P = 3 × 10 × (12-1)$

$= 330kgf \xrightarrow{×9.807} \boxed{3,236.3N}$

［解答－2］　パレット使用の場合

パレットを使用する場合には、最下段に並べられる段ボール箱が、段ボール箱以外にパレットの重さを均等に分散して受けることになるので、次式によって必要圧縮強さを計算することができる。

$P = 3 × \left[ 10 × (12-1) + \dfrac{40}{9} × (3-1) \right]$

$= 356.7kgf \xrightarrow{×9.807} \boxed{3,498N}$

この式に、上記条件を満足できるようにするには、図5－2に示すような積付け状態になるので、まずパレットへの箱の配列を決めなければならない。従って、配列条件に同図の下部に示すように9箱となることが確認できる。これらの諸条件を上式に代入し、必要圧縮強さを求めると、

$P = K × \left[ W × (n-1) + \dfrac{W'}{x} × (m-1) \right]$

- 178 -

となり、パレットの重さが、最下段に並ぶ箱に均等にかかることがわかる。

### 2.2.2　使用段ボール・原紙の決定方法

必要圧縮強さが決まれば、その強度を満足できる段ボール、さらに使用原紙を決定することができる。

ここでは、比較的簡単で、かつ正確に計算できる実践的な一手法について述べる。

既述したケリカット簡易式を別の視点から展開してみると以下に示す2つの利用法が考えられる。

図5-2　パレット使用の場合

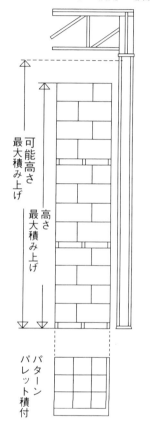

(1) 使用中しんを固定してライナを決定する方法

$P = Px \cdot F$ を展開すると次のようになる。

(両　面) $P = \left( \dfrac{L + \alpha \times M + L}{6} \right) \times F$

(複両面) $P = \left( \dfrac{L + \alpha_1 \times M + L + \alpha_2 \times M + L}{6} \right) \times F$

⇩

(両　面) $L = \left( \dfrac{6P}{F} - \alpha \times M \right) \div 2 \cdots\cdots ①$

(複両面) $L = \left( \dfrac{6P}{F} - (\alpha_1 + \alpha_2) \times M \right) \div 2 \cdots\cdots ②$

ここに、

　　　L：ライナのリング値

- 179 -

M：中しんのリング値

$\alpha$：中しんの段操率（$\alpha_1$＝Aフルート、$\alpha_2$＝Bフルート）

P：箱の必要圧縮強さ

［例題］

箱の寸法360×300×250㎜、必要圧縮強さが3,498N以上の強度がある箱を両面Aフルート、中しんはB-120を使って箱を作りたい、使用ライナを決定せよ。

［解答］

$\alpha_1$＝1.6、M＝106N、F132＝22.8として①式に代入すると

L＝（6×3,498/22.8－1.6×106）÷2

　＝（920.5－169.6）÷2

＝375.5N⇒ライナを探せばよい。

⇒ B-280 位か

(2) 使用ライナを固定して中しんを決定する方法

P＝Px×Fを展開すると次のようになる。

(両　面) $P = \left( \dfrac{L + \alpha \times M + L}{6} \right) \times F$

(複両面) $P = \left( \dfrac{L + \alpha_1 \times M + L + \alpha_2 \times M + L}{6} \right) \times F$

⬇

(両　面) $M = \left( \dfrac{6P}{F} - 2 \times L \right) \div \alpha \ \cdots\cdots ③$

(複両面) $M = \left( \dfrac{6P}{F} - 3 \times L \right) \div （\alpha_1 + \alpha_2） \cdots\cdots ④$

- 180 -

第5章　段ボール箱の品質設計

［例題］

箱の寸法360×300×250mm、必要圧縮強さが3,498以上の強度がある箱を両面Aフルート、ライナはA-220を使って箱を作りたい、使用中しんを決定せよ。

$\alpha_1 = 1.6$、L＝363N、F132＝22.8として③式に代入すると

M＝（6×3,498/22.8-2×363）÷1.6

　＝（920.5-726）÷1.6

　＝121.6N

⇒該当中しんを探せばよい

⇒A-120 位か

このように、(1) 及び (2) を使用してライナ、中しんを求め、いずれがコスト的に優位であるか決めればよいことになる。

この場合、一番大事なことは、ライナ、中しんのリングクラッシュ値の正確な把握ということになる。

## 3　箱圧縮強度の安全係数

ある商品を包装するに当たり、物流上の必要条件が細部にわたって判明していれば、通常次式によって算出することができる。この値のより正確性を期待するならば、以下に述べる物流上の代表的な劣化要因をできる限り正確に把握しておくことが必要である。

また、今後さらに段ボール箱の軽量化が進むものと予想される中で、段ボール箱の製造技術差が一層明確化されてゆく実態を熟視する必要がある。

### 3.1　箱圧縮強度の安全係数算定式

安全係数 (K) ＝ 1 ／ （1 －A）（1 －B）（1 －C）（1 －D）（1 －E）（1 －F）

（A＝a／100　B＝b／100　C＝c／100　D＝d／100　E＝e／100

F＝f／100）

- 181 -

ただし、
　K：段ボール箱が必要とする、最下段の段ボール箱にかかる荷重の倍数
　a：貯蔵期間による劣化率（％）
　b：倉庫の温湿度状況による劣化率（％）
　c：積み上げ方による劣化率（％）
　d：輸送中の振動による劣化率（％）
　e：荷役及び衝撃による劣化率（％）
　f：段ボール箱の製造時における劣化率（％）
　＊劣化率は全て圧縮強度の劣化を示す。
　これら、安全係数を構成する諸要因について、その背景を述べる。

## 3.1.1　貯蔵期間による劣化率

　箱圧縮試験機で測定した段ボール箱の圧縮強さがもし6,000Nあったとすると、その箱に6,000Nの荷重を加えると同時に潰れることを意味する。
　しかし、実用上では、いっぱいの荷重をかけることはない。

図5－3　段ボール箱の積載日数と圧縮強さの関係

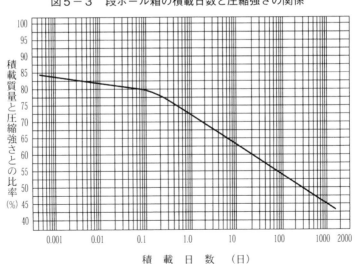

第5章　段ボール箱の品質設計

　何日間か積んでおいた場合に、耐えられるには、どの程度の余裕を見る必要
があるかという問題がある。

　圧縮強さを100とした場合、それ以下の荷重をかけた場合に何日間もつかと
いうことを実験的に求めたアメリカの文献を図5－3に示す。例えば、100日
間の荷重に対しては、段ボール箱の圧縮強さは、約55％に低下することを示
している。言い換えれば、6,000Nの圧縮強さをもつ段ボール箱は、6,000×
0.55＝3,300Nの荷重をかければ100日間は安全であることを意味している。

　ただし、図5－3は、温度と湿度はともに変化しないものとする。

　従って、実用上は貯蔵日数の推定の外に長期にわたる場合には、既設の移り
変わりによる温、湿度変化を考慮する必要がある。

### 3.1.2　貯蔵中の環境条件による劣化率

　段ボール箱の材料が紙であるた
め、時々刻々の環境変化に応じた
水分の吸・排湿が行われており、
圧縮強度もそれに対応して微妙に
変化している。特にわが国特有の
梅雨期は段ボール箱にとっては大
敵となる。

表5－2　温・湿度変化に伴う箱圧縮強さ

| 温度<br>（℃） | 相対湿度<br>（％） | 箱の平行<br>水分（％） | 箱圧縮強<br>さ指数 |
|---|---|---|---|
| 5 | 85 | 15.0 | 41 (54) |
| 20 | 65 | 9.0 | 78 (100) |
| 20 | 90 | 17.0 | 33 (43) |
| 23 | 50 | 6.5 | 100 (130) |
| 40 | 90 | 16.5 | 85 (45) |
| 55 | 30 | 4.5 | 123 (160) |

　その実態を予想する為に、JIS
Z 0203「包装貨物試験の前処置」に規定されている温湿度条件の中から6つの
条件を選び、それらの条件下で箱の含水分が平行状態になるのを推定してみる
と、表5－2に示すようになり、それぞれの含水率に対する箱圧縮強さの変化
を推定できる。

　表5－2に示した箱圧縮強さ指数は、ISO及び新JISに基づく23℃、50％の
調湿条件を100とし、旧JISの調湿条件20℃、65％を100とした場合の指数は
（　）内に併記した。

　そこで、段ボール箱が水分を吸ったり吐いたりすることによって圧縮強さが

どんな変化をするのか、たくさんの種類の原紙、段ボールの種類と箱の大きさを変えて実測してみると、図5－4に示すような傾向になることがわかる。

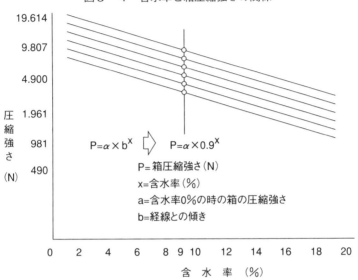

図5－4　含水率と箱圧縮強さの関係

すなわち、どんな段ボール箱でも、含水分が変化すると一定の強度変化をすることが明白であり、次式によって表わすことが出来る。

$$P = \alpha \times b^x$$

ここに、

　　　　P：段ボール箱の圧縮強さ（N）

　　　　a：含水分0％のときの圧縮強さ（N）

　　　　b：経線との傾き

　　　　x：試験時の段ボール箱の含水分（％）

この方程式について、bを実測して求めると0.9になるので次式のように書き替えることが出来る。

$$P = \alpha \times 0.9^x$$

# 第5章 段ボール箱の品質設計

［例題］
　段ボール箱の圧縮強さを測定したら4,000Nあった。その時点での含水分9％であったとする。もし含水分が15％に変化した場合、圧縮強さはどれ位に下がるか。
　　［解答］
　　$P = a \times 0.9^9$
　　$4,000 = a \times 0.9^9$
　　$a = 4,000 \div 0.3874$
　　$a = 10,325.2$
　　含水分が15％に増えると
　　$P = 10,325.2 \times 0.9^{15}$
　　$P = \boxed{2,125.9N}$　すなわち、約53％に低下することになり、表5-2とほぼ一致する。
　このように段ボール箱の圧縮強さは、相対湿度の変化に伴って微妙に変化するので、正確な箱圧縮強さの評価には必ず含水分を一定の状態で行う必要があり、この式は有効に活用出来る。

## (1) 相対湿度とは
　湿度とは空気の乾湿度合いのことで、次のように区分される。

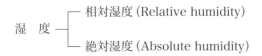

　相対湿度とは、一定体積の空気中に実際に含まれている水蒸気量と、その空気がそのときの温度で含むことができる最大の水蒸気量（飽和水蒸気量）との比をパーセントで表わしたもので、実際の水蒸気張力をe、飽和水蒸気張力をEとすれば、相対湿度Rは、

R＝e／E×100%

で表わされる。

　また、相対湿度は、乾湿計またはアスマン通風乾湿計の読み取りから乾湿公
式を用いて計算出来る。

　なお、絶対湿度は、1㎥の空気中に含まれている水蒸気量をグラム数で表わ
したものである。


## 3.1.3　積載方法による劣化率

　段ボール箱の圧縮強さ試験は、最も良い状態で行われ評価されているが、実
際に使用される場合には、必ず何段かに積み重ねられて使用され、積み重ねの
パターンもいろいろなパターンが考えられる。以下に、段ボールの基本的な構
造強度と、積み重ねた状態との関係について実用上を想定しての問題点につい
て指摘してみる。


## (1) 段ボール箱の構造強度と積み上げ方による劣化

　段ボール箱の耐圧強度は、基本的には、構造上図5−5に示すように4つの
コーナーで支えられ、箱の寸法比にもよるが、荷重の分布状態は各辺の中心部
が弱くなる傾向がある。


図5−5　段ボール箱の荷重分布

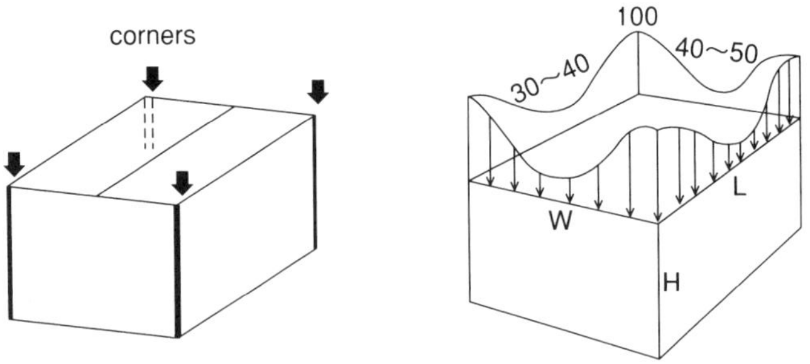

　そこで、単体の段ボール箱の圧縮強さを指数100とし、実用を考慮していく

つかの積載基本パターンを作り、それらの圧縮強さを実測すると図5-6に示すような傾向がみられ、箱のコーナー部分を外した重ね方をした場合は、極端な強度低下につながることが理解出来る。

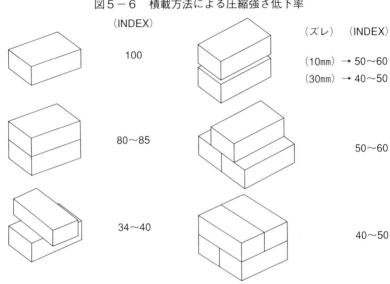

図5-6　積載方法による圧縮強さ低下率

(2) 実用上での積載方法による劣化率

段ボール箱をパレットまたは倉庫に積み上げる方法は、大別すると次の2つに分けられる。

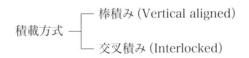

また、交叉積み方式については、さらにいくつかの方式があるが、そのうちの代表的な3パターンを選び、空箱で圧縮強さを測定した結果を図5-7に示す。

図5-7 積重ね方法による圧縮強さの変化

| 記号 | 箱数 | 積み方 | 積み段数 | 呼称 |
|---|---|---|---|---|
| 1. | 6 c/s | 棒積み | 1〜4段 | ブロック積み |
| 2. | 4 c/s | 交叉積み | 1〜3段 | 風車積み |
| 3. | 5 c/s | 交叉積み | 1〜3段 | レンガ積み |
| 4. | 6 c/s | 交叉積み | 1〜3段 | 井桁積み |

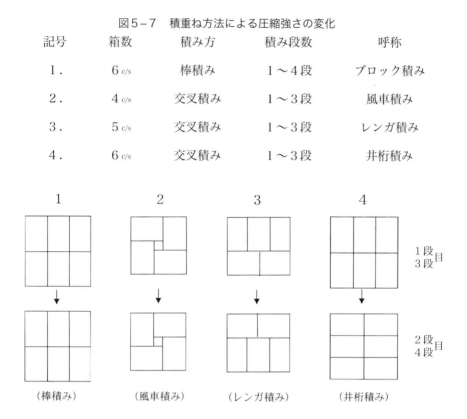

1段積みを100とした場合

| 段＼列 | 1 | 2 | 3 | 4 |
|---|---|---|---|---|
| 1 | 100 | 78 | 71 | 68 |
| 2 | 100 | 56 | 49 | - |
| 3 | 100 | 53 | 40 | - |
| 4 | 100 | 44 | 43 | - |

この実測結果から、箱のコーナーが荷重を支えるという基本理論を確認することが出来る。

しかし、ほとんどの場合、多かれ少なかれ内容品の寄与があるので、ここに示した数値までは低下しない。

ここに、既述した包装設計の基本論理である内容品及び個、内装の特性確認の意義が存在することを知ることが出来る。

実用上、特に注意しなければならないことは、パレットからはみ出した(Overhang)積載方法は絶対に避けるべきである。これは、段ボール箱は、丁度柱を部分的に失った家のようなもので著しく脆弱となる。

さらに、実用上を想定して代表的な積付けパターンを選びパレットからのはみだし長さを変化させた場合の影響を測定した結果を図5-8に示す。

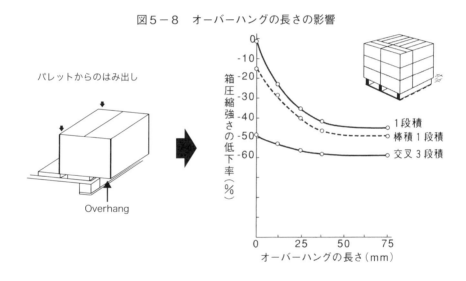

図5-8　オーバーハングの長さの影響

### 3.1.4　振動衝撃による劣化率

輸送中の内容品にかかる振動衝撃は、ハンドリング時に発生する衝撃に比較すると極めて小さいが、集積した衝撃数は極めて多く、それもどんな輸送機関を用いるかによって多少の差が生じる。

最近、輸送機関の世界的な趨勢としてトラック輸送が主体となっているが、

トラック輸送は、説明するまでもなく道路事情いかんによって振動衝撃値にかなりの差がでる。

　わが国の輸送機関別振動衝撃値の平均的なG値は、図5－9に示す傾向であると予想され、トラック輸送には、道路の良し悪しによって大差が生ずるので包装設計において注意する必要がある。

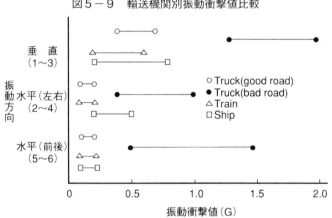

図5－9　輸送機関別振動衝撃値比較

　しかし、全体的には、衝撃値が小さいので、フルートの構造上吸収されてしまい、内容品はもちろんのこと段ボール箱への影響も少ない。

　輸送中の振動衝撃を再現させる試験方法は、JIS Z 0232「包装貨物-振動試験方法」に定められており、いくつかの方法があるが、その中の一方法として、段ボール箱の内容物及びその包装形態を数種類選び、固定方式で振動を与えて段ボール箱の損傷度合いを実験的に測定した結果を図5－10に示す。

　一般に、実際の輸送中に発生する衝撃の内容は、振幅、振動数が変化するので加速度も当然変化するが、この試験結果から推測されることは、段ボール箱の内壁と内容物の接触によって段ボール箱がどれ位損傷するかということであり、内容物が硬い缶詰とか凹凸の激しい形状のものが被害を受けやすい傾向が

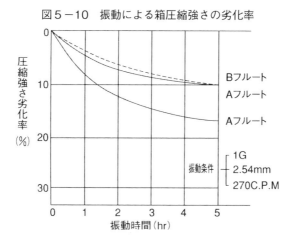

図5-10 振動による箱圧縮強さの劣化率

みられる。

　しかし、この試験条件で1時間加振すると、実際に約1,600kmの距離をトラックで実送した状態を再現すると言われているので、国内輸送における箱圧縮強度への影響は3～8％程度の低下を考慮しておけばよいと考えられる。

　従って、輸送中における振動衝撃は、段ボール箱よりもむしろ内容品そのものが受ける、主として外観的なダメージの方が問題になる。

　その現象とは内容品同士のすれ合いや、仕切および段ボール箱の内側との接触によって生じる個装のラベル印刷やキャップなどのこすれおよび損傷が発生する。

　もちろん、段ボール箱同士の外面のすれ合いによって印刷部の剥がれの発生や、さらにひどい場合にはライナの表面剥がれなどが発生することも稀にある。

　このような問題が発生する原因は次のように解析出来る。

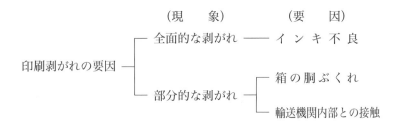

### 3.1.5 ハンドリングによる劣化率

　貨物が荷役中に受ける衝撃は、最も大きくしばしばクレーム発生の根元となる。

　荷役中の粗暴な荷扱いによって生じる強度劣化は、落下衝撃により段ボール箱の段が潰れてしまい、部分的に強度のアンバランスが生じる。この種の現象は、箱の角や稜が変形した場合20％前後、また何回もハンドリングされた場合、例えば小口混載便など他の貨物と絶えず接触する場合には15％前後の強度劣化を覚悟する必要がある。

　そこで、それらの現象を裏付ける実験を再現した結果を図5-11に示した。

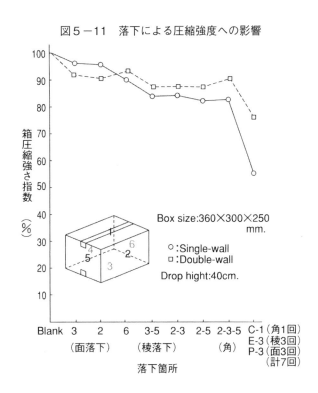

図5-11　落下による圧縮強度への影響

- 192 -

荷役を丁寧に行わせるための手段としては、荷役しやすい大きさ、重さを配慮するという包装設計の基本はもとより、手掛け穴をつけることにより、作業性をよくすると同時に荷役高さを下げるなどの方法を講じることが効果的である。

段ボール箱は、既述したように段ボールを構成しているフルート特性によって外部衝撃を吸収して、内容物に加わる衝撃を和らげる働きをする。その衝撃吸収能力、すなわち、緩衝性能は本質的には使用するフルートの種類及びその組合わせによって差があるのは当然であるが、木箱に比較すると大きな差が認められる。図5-12に一定条件下で比較した落下試験結果を示し、実際に行われていると予想される荷役範囲でとらえてみると、木箱と段ボール箱、また、段ボール箱の中でも複両面段ボール箱の優位性は明確である。しかし、一度段が潰れると復元性に乏しく、緩衝吸収性能は消失するという段ボールの弱点についてもよく理解しておかなければならない。

幸い、近時急速な荷役条件の改善が進み、手荷役からパレットを用いた集合包装へと転換が進んでいる。

米国ダウケミカル社が発表しているハンドリングにおける落下高さについて表5-3に示すような歴然とした差がみられ、物流条件の改善による段ボール包装のますますの優位性が予見出来る。

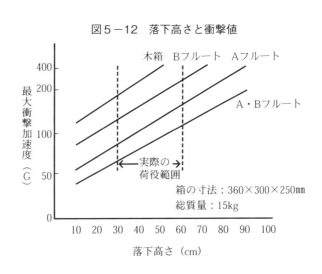

図5-12 落下高さと衝撃値

表5－3　ハンドリングにおける通常の落下高さ

| 質量（kg） | ハンドリングの種類 | 落下高さ（cm） |
|---|---|---|
| 0～5 | 1人で投げる | 100 |
| 5～10 | 1人で運ぶ | 90 |
| 10～25 | 1人で運ぶ | 75 |
| 25～50 | 2人で運ぶ | 60 |
| 50～125 | 軽量ハンドリング装置 | 30 |
| 125以上 | （パレット積み貨物） | 15 |

## 3.1.6　Gとは

　既述した振動衝撃や落下衝撃など流通過程で発生する衝撃は品質設計上重要であるので、それらの外力について理解しておく必要がある。

　物体をある高さから落下させると、その物体は時々刻々変化した速度で所定の距離まで移動するのが普通である。

　物体の速度は、ある一瞬間における物体の移動距離と、その瞬間のごく短い時間とによって表すことが出来る。

　すなわち、それを式で表すと次の通りである。

$$V = \frac{\Delta \ell}{\Delta t} \quad \cdots\cdots\cdots\cdots ①$$

　　　　ただし、

　　　　　　　$\Delta t$：微少時間

　　　　　　　$\Delta \ell$：$\Delta t$ 時間に移動した距離

　普通、われわれが速度と呼んでいるのは、この瞬間速度における $\Delta t$ を限りなく小さくしたと考えた微分速度のことで、平均速度、すなわち一つの物体がA点からB点まで直線的に移動した場合、2点間の距離 $\ell$ を10cmだけ移動するのに要した時間 t を5secとすれば、平均速度は①式から、

－ 194 －

$$V\alpha = \frac{\ell}{t} = 10 \diagup 5 = 2\,\mathrm{cm}\diagup\mathrm{sec}$$

　となるが、このような平均速度のことではない。

　また、加速度というのはごく短い時間に速度が変化する割合のことをいう。

　たとえば、10㎝／secの速度で移動している物体が 2 sec後に20㎝／sec速度が変化したとすると、平均速度（$\alpha_a$）は次のようにして求めることが出来る。

$$\alpha_a = \frac{20-10}{2} = 5\,\mathrm{cm}\diagup\mathrm{sec}\diagup\mathrm{sec}$$

　このように物体の速度がある瞬間に変化した量を△Ｖとし、△Ｖだけ速度が変化するのに必要としたごくわずかな時間を△ｔとすれば、瞬間加速度は次式によって表すことが出来る。

$$\alpha = \frac{\Delta v}{\Delta t} \quad \cdots\cdots\cdots\cdots\cdots ②$$

　瞬間加速度と呼んでいるのは、△ｔすなわち微少時間を限りなく小さい時間と考えた場合の加速度のことであり、単に加速度という場合はこの瞬間加速度のことを指している。

　そして加速度はｃ、ｇ、ｓ単位で「センチメートル毎秒毎秒」と呼び、㎝／sec$^2$ と記す。

　普通、速度が次第に増加していく場合を加速度が生じたといっている。

　「運動の法則」を発見したニュートンは、第 2 法則で「ある時間に運動している物質の質量ｍと加速度$\alpha$との積は、その瞬間に作用している力Ｆに等しい」ということを示している。

　これを式で表せば

*- 195 -*

$$F = m\alpha \quad \cdots\cdots\cdots\cdots\cdots\cdots ③$$

　すなわち、一定の加速度を物体に加えて、そのときに生じた力を測定すれば質量を求めることができるわけではあるが、それよりももっと簡単な方法は、物体に働く地球の引力を利用することによって求めることである。

　地球の引力すなわち重力の加速度は、地球の表面では約980cm／sec$^2$の加速度によってあらゆる物体を地球の中心に向かって引っ張っている。

　この重力による加速度のことを"g"と呼んでいる。

　この重力の加速度は、運動している物体にも静止している物体にも常に作用しているものである。

　そして静止している物体mに重力の加速度gが作用した場合Fは、重さWであるから③式は次のように書き直すことが出来る。

$$W = mg \quad \cdots\cdots\cdots\cdots\cdots\cdots ④$$

　さらに、

$$m = W／g \quad \cdots\cdots\cdots\cdots\cdots ⑤$$

この式を運動の一般式③に代入すると

$$F = \frac{W}{g} \cdot \alpha \quad \cdots\cdots\cdots\cdots\cdots ⑥$$

さらに、次のようにも表すことが出来る。

- 196 -

$$F = \frac{\alpha}{g} \cdot W \quad \cdots\cdots\cdots\cdots \quad ⑦$$

　この式の中の$\alpha / g$のことを一般に"G"と呼んでいる。

　このGを使用して振動や落下における衝撃加速度を表すと計算するのが非常に簡単になる。

　たとえば、質量が7kgの物体に9,800cm／sec$^2$の加速度が作用した場合の力を計算するには、⑥式によって

$$F = \frac{W}{g} \cdot \alpha = \frac{7}{980} \times 9,800 = 70 \text{ kg}$$

　となるが、加速度を$\alpha / g = 9,800 / 980 = 10G$として表しておくと、⑦式から

$$F = = \frac{\alpha}{g} \cdot W = 10 \times 7 = 70 \text{ kg}$$

　となり、すぐに計算することが出来る。

　このように加速度の大きさとして重力の加速度の倍数を表わす記号を"G"で表す。

## 3.1.7　段ボール箱の製造工程で生じる強度劣化率

　段ボール及び段ボール箱の製造工程で発生する強度劣化の主因については、個々に既述したが、これを総合的にまとめてみると次の通りである。

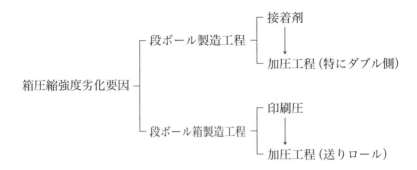

これら主要な強度劣化要因によって発生する現象を統括すると、段ボールの厚さの損失ということになる。

従って、これを数式で表すと既述したように次の通りになる。

$$T = L_1 + M + L_2 + H - \alpha$$

ここに、
    T：段ボールの厚さ（mm）
    $L_1$：表ライナの厚さ（mm）
    M：中しんの厚さ（mm）
    $L_2$：裏ライナの厚さ（mm）
    H：段ロールの高さ（mm）
    α：損失厚さ（mm）

すなわち、段ボールの理論上の厚さよりもαだけ薄くなるので、このαをいかにゼロに近づけるかが段ボールメーカーの技術力の見せどころとなる。

これらの製造技術は、段ボールメーカーによって多少の差がみられ、箱圧縮強

表5－4　製造技術の箱圧縮強さへの影響

| 製造技術評価 | 箱圧縮強さへの影響（%） ||
|---|---|---|
| | 低下率（%） | 指数 |
| 優 | －2～－4 | 96 |
| 良 | －4～－6 | 94 |
| 可 | －6～－8 | 92 |

さに影響を及ぼす割合は、大ざっぱに分ければ表5-4に示す程度ではないかと推定される。

(1) 段ボール印刷と圧縮強さ

既述したように段ボールに印刷することは、段ボール箱を美しく仕上げるためにお化粧をすることであるが、あまりにもそれにこだわりすぎると、圧縮強度に重大な影響を及ぼすことを忘れてはならない。

なぜならば、段ボール印刷をわかりやすく表現すれば、図5-13に示すように多かれ少なかれ段ボールの生命とも言える段を押し潰すことによってインキの転移が行われるので、ユーザーが段ボール印刷を決定する場合には、いくつかの正しい選択が必要であり、外装箱としての段ボール箱の特性を有効に活用することが賢明であると考える。

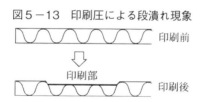

図5-13　印刷圧による段潰れ現象

また、段ボール印刷によって箱圧縮強さが劣化する要因として次に示すことをあげることが出来る。

印刷方法と印刷面積について、一定条件下で比較し実測した結果を図5-14に示す。

- 199 -

また、印刷デザインについては、帯状デザイン及びベタ印刷はダメージが大きいので避けるのが賢明である。

しかし、どうしても特殊なデザインを使用しなければならない事情がある場合には、プレプリント方式を検討されることをお奨めしたい。

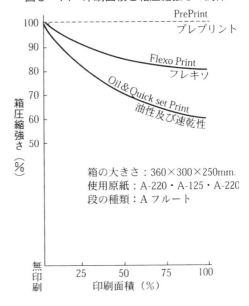

図5－14　印刷面積と箱圧縮強さの関係

### 3.1.8　安全係数の計算例

以上述べてきた箱圧縮強さの劣化要因について、比較的良い条件を組み合わせた場合と、悪い条件を組み合わせた場合について安全係数を計算した例を表5－5に示す。

「計算例」

表5－5　安全係数の計算例

|  | 良い条件（％） | 悪い条件（％） |
|---|---|---|
| a：貯蔵期間による劣化率 | 40 | 50 |
| b：環境条件による劣化率 | 20 | 40 |
| c：積載方法による劣化率 | 15 | 20 |
| d：輸送振動による劣化率 | 3 | 5 |
| e：荷役による劣化率 | 10 | 15 |
| f：製造工程による劣化率 | 4 | 8 |
| K：安全係数 | 2.92 | 5.6 |

安全係数の決定に当っては、本章の3.1に既述したa～fの条件を正確に把握しておくことが重要なポイントになる。

# 4　物流バーコード

　物流バーコード、正確には「物流商品コード用バーコードシンボル」が、JIS X 0502に制定されたことによって段ボール箱は単なる包装機能の他に、新たに情報機能が付加されることになり、物流に一層大きな役割を果たすことが可能となったので、以下に物流バーコードについて要約して述べる。

## 4.1　物流商品バーコードシンボルの種類

　わが国の輸送包装商品に用いられる物流商品シンボルは、次に示す3種類のシンボルで構成される。

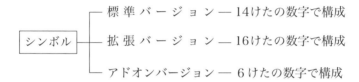

　これらの物流商品シンボルについては、図5-15に示す。

図5-15 バーコードシンボルの種類

標準バージョンの場合

アドオンバージョンの場合

### 4.1.1 物流商品用バーコードの構成

　物流商品バーコードを表示するための標準シンボルとして使用するのは14けたの標準バージョンであるから、図5-16の標準バージョンを例にとってどんな構成で使用されるか主要部分について述べる。

図5-16　物流商品用バーコードの構成

　バーコードを正確に印刷しやすくするために周囲をベアラバーと呼ばれる枠で保護してあり、14けたのバーに対応する数字が必ず枠外に印刷されることになっている。

　これら14の数字はどんな意味をもっているか、個々に説明してみると次の通りである。

　1：物流識別キャラクタといい、個装または内装商品の数や組合せなどの相違を識別するキャラクタである。

　49：フラッグキャラクタで、国コードなどのフラッグコードを表し、わが国の場合は49と決まっている。

　01234：商品メーカーコードで、登録されたメーカーのナンバーを表す。

　56789：商品アイテムコードを表すキャラクタでメーカーの製品番号を示す。

１：モジュラチェックキャラクタで、バーコードシンボルの読取りの正確性を確認する番号で、JISに定められた計算法に基づいて算出する。
　その他、ベアラバーの内側からバーコード印刷までの間隔をクワイエットゾーンといい、使用バーの倍率で決められ細エレメント幅の10倍を確保する必要がある。

### ４．１．２　物流バーコードシンボルの種類
　この規格化は、国際化の進展に伴い、広く産業界及び市場を包含し、かつ、国際性のある物流シンボルとして決められている。
　従って、欧米においても多用されているITF (Interleaved Two of Five) 方式が採用されている。
　それでは、ITF方式とは何か、具体的について説明してみる。
　例えば、キャラクタ値"3852"をITFシンボルで表わすと、図５－17に示すようになる。

図５－17　キャラクタ値"3852"のバーコードシンボルによる構成表示例

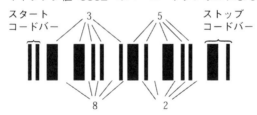

　この方式は、５本のバーから成り、その中に必ず２本の太いバーがあるので、Two of Fiveの意味を持つ。
　その太いバー（細いバーの2.5倍）の位置の移動によって０から９までの10種類の数字を表現しており、それらは予め規格化されていて、バーコードの最初にあるスタートバーコードキャラクタと最後にあるストップバーコードキャラクタについてもそれぞれ規格化されており、表５－６に示す通りである。

- 204 -

第5章　段ボール箱の品質設計

表5－6　バーコードキャラクタの構成

スタート・ストップコードバーの構成

| | 2進法記号表示 | バーコードキャラクタ | | 2進法記号表示 | バーコードキャラクタ |
|---|---|---|---|---|---|
| スタートコードバー | 0000 | 1 1 1 1 | ストップコードバー | 100 | 2.5 1 1 |

バーコードキャラクタの構成

| キャラクタ | 2進法記号表示 | バーコードキャラクタ | キャラクタ | 2進法記号表示 | バーコードキャラクタ |
|---|---|---|---|---|---|
| 0 | 00110 | 1　2.5 | 0 | 10100 | 2.5　1 |
| 1 | 10001 | | 1 | 01100 | |
| 2 | 01001 | | 2 | 00011 | |
| 3 | 11000 | | 3 | 10010 | |
| 4 | 00101 | | 4 | 01010 | |

　また、図5－17に示したように数字"3852"の内3及び5はいずれも表5－6に示した規格に基づいて印刷されるが、印刷の次の数字、すなわち8及び2については、いずれも表5－6の規格に基づいた空白部分を正確にとってあり、バーコードを印刷したのと同じ意味をもっているように構成されなければならない。

　従って、印刷したバーコードと印刷してない部分とが交互に組み合わされ、最短距離で効率的に数字を組み合わせて表現していることから、Interleavedが語源となっている。

## 4.2　バーコード印刷上の留意点

　段ボールへのバーコード印刷は、一般の段ボール印刷と異なり、規格化されたミクロン単位の厳しい精度が要求されるので、基本的にはライナの平滑性、

- 205 -

色相などの標準化とその管理が重要であり、さらに、それを用いて作った段ボールの表面凹凸状態、すなわち、ウォッシュボードの度合いがバーコード印刷の使命を制することになる。

以下に、物流バーコード印刷のキーポイントを示す。

## 4.2.1 フィルムマスタ

シンボルの印刷品質を確保するためには、印版を作る第一段階として原版であるフィルムマスタの精度が問われる。印刷時にかかる印圧による太り現象が生じるので、フィルムマスタの段階で、エレメント幅を縮小しておくことが必要である。(詳細についてはJIS X 0502を参照されたい)

## 4.2.2 印版の適正化

印版については、第3章で詳述したが、天然ゴム、合成ゴム、または感光性樹脂で作られるが、通常、硬度は40度程度が最適である。特に、樹脂版も紫外線によって経時変化するので、印版の保管・管理に十分留意する必要がある。

## 4.2.3 バーコード印刷

バーコード印刷は、どれ位の倍率まで追求できるかという印刷技術の競合のみに止まらず、いかにウォッシュボードの少ない段ボールを作るかという、総合的な技術力の真価が問われることになる。一般的には、JISにも謳ってあるように倍率0.6位を目標としているが、ユーザーサイドからはより倍率を下げる要望が急速に高まってゆくのは間違いないと推測される。

段ボールメーカーとしては、図5-18にウォッシュボードの少ない段ボール上に、いかに少ないマージナルゾーンの印刷を追求するかが鍵を握っていると言える。

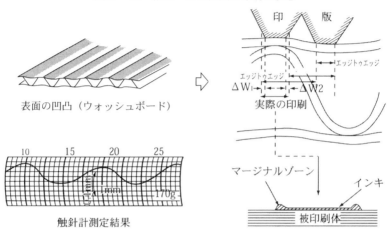

図5-18 段ボールの表面と印刷の状態

また、マージナルゾーン発生の防止策としては、次に示す2つの印刷管理がキーポイントとなる。

マージナルゾーンの防止対策 ─┬─ 印版へのインキ量の管理
　　　　　　　　　　　　　　└─ 印刷圧の管理

マージナルゾーン発生のメカニズムとその防止対策の詳細については図5-19に示す。

図5-19 マージナルゾーンの発生過程とその対応

〈圧力が適正な場合〉　　　　　　〈圧力が強すぎた場合〉

(1) アニロックス・ローラー→版

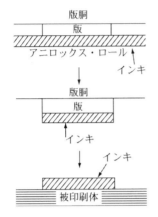
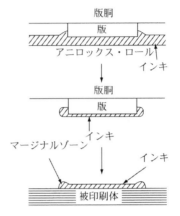

(2) 版→被印刷体

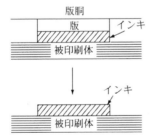
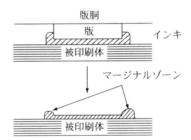

次に、物流バーコードシンボルの印刷位置については、輸送包装商品の物流作業を自動化することを考慮して図5-20に示すように規定されている。

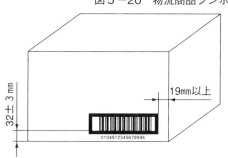

図5-20　物流商品シンボルの印刷位置

● バーの下端と箱の底面との間 32±3mmの範囲
● 水平方向のどの位置でもよいが、左右どちらかのコーナーからベアラーバーまでの距離 19mm以上

## 4.2.4 バーコード印刷の光学的特性と色の三属性　HV/C

印刷されたバーコードシンボルを読み取るスキャナは、光源としてヘリウムネオンガスレーザーや半導体素子による赤色レーザー光が使用される。

従って、シンボル印刷のインキの色は、赤フィルター（ラッテン＃26）を通して測定した反射率と反射率差によって、白バーまたは黒バーへの使用適否が定められる。

しかし、段ボールは、ほとんどがクラフト色（茶褐色）のライナが使用されているので、それが白バーとして作用するので、コントラストの面から使用されるインキは黒が最適である。一般に、印刷における究極の目的は、色の極限を追求することに尽きると言える。外装包装を主たる目的とする段ボール印刷における色の追求については、コスト的な制約もあり個装におけるグラビア印刷やオフセット印刷とはおのずから差別されることになるが、一層のレベルアップが、バーコード印刷を契機に強く要求されることになる。

印刷における色の表現は、被写体の色の安定性と印刷インキとのコントラストによって繊細な発色が可能であると言える。段ボール印刷における色の表現は、次の要因によって構成される。

段ボール印刷の発色 ─┬─ ライナの色
　　　　　　　　　　└─ インキの色

　被写体であるライナの色は、実際にはかなりの範囲でバラついているので、同じ色のインキを印刷してもわれわれの眼には別の色のインキを使用していたように感じられる。
　それでは、色は科学的にどんな形で表現されるのであろうか、以下に述べる。

(1) 色の三属性
　色は、色あい、明るさ、あざやかさの三つの組合わせで表され、これが色彩の世界である。

① 色　相　H (Hue)
　りんごの色は赤、レモンの色は黄、空の色は青というように、誰でもその「色あい」を思い浮かべることが出来る。
　この赤、黄、青というように、それぞれ区別される「色あい」を色相という。さらに赤と黄と言えば、全く別の色相であるが、赤と黄の絵具を混ぜると黄赤

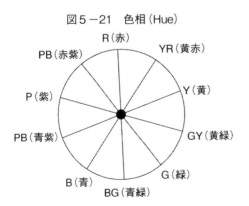

図5-21　色相 (Hue)

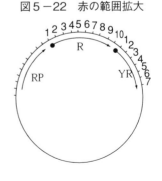

図5-22　赤の範囲拡大

- 210 -

第5章　段ボール箱の品質設計

ができ、黄と緑とから黄緑、緑と青とから青緑というように、色相と色相は図5－21に示すようにお互いにつながり合って一つの輪を作る。これを色相と言う。図5－22に示すように時計の針が回る方向に1から10までの数字を頭につけて1R、2R、7Rと表す。

　各10色について10ずつで計100色の色相の輪ができる。小数点をつけて2.5Rとすれば、その数はさらに増える。

② 明　度　V（Value）

　色と色とを比較して明るい色とか暗い色というように、色には「明るさ」の度合いがある。このように色の明るさの違いを示す性質で、無彩色は明度の違いだけでできているから、白、灰色、黒に並べて図5－23に示すように白を10、黒を0として数字で明度を示す。例えば、レモンの黄色とグレープフルーツの黄色では、レモンの黄色の方がより明るい。このように色相に関係なく比較できる「明るさ」の度合いを明度と呼んでいる。

③ 彩　度　C（chrome）

　同じ黄色であっても「明るさ」というよりも、レモンは鮮やかな黄色で、梨はにぶい黄色であり、「鮮やかさ」に大きな違いがあることがわかる。このように、色相や明度とはまた別に、「鮮やかさ」の度合いを示す性質を彩度と呼んでいる。図5－23に示した各明度の無彩色に、ある色相のインキを少しずつ加えてゆくと、次第に色が鮮やかになる横方向の配列が得られる。これに数字を1、2、3とふってゆくと最も高彩度の色は色相によって異なるが15前後となる。

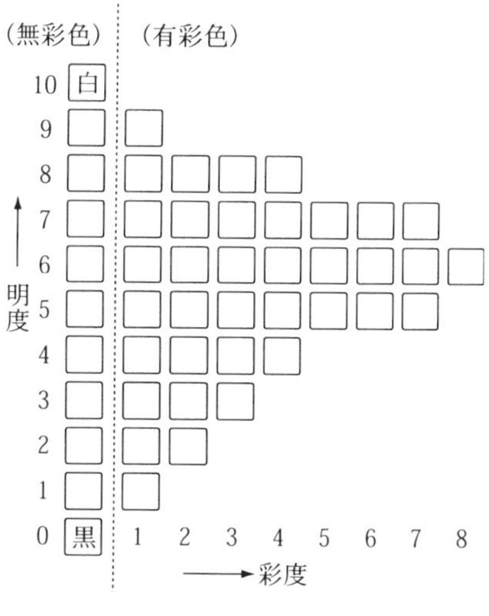

　これらの色相H、明度V、彩度

図5－23　明度と彩度

Cの記号をHV/Cのように並べて色を表現する。

色相、明度、彩度の三つの要素は色の三属性と呼ばれ、図5-24に示すように色相を外周、明度をタテ軸、彩度を中心からの軸とした立体と考えることが出来る。

三属性で色立体の色相、明度、彩度をそれぞれの段階と番号をつけることによって、初めて色を知ることが出来る。

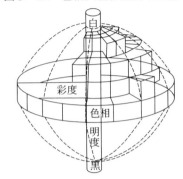

図5-24 色相、明度、彩度の立体図

JIS Z 0501「段ボールに印刷された色の標準」が決められていたが、それら16色の中からいくつかをHV/Cで示してみると以下の通りである。

| (例) | (ジュートライナ) | (クラフトライナ) |
|---|---|---|
| あか | 8.5R3.6／13.9 | 7.5R3.5／10.6 |
| きいろ | 1.5Y6.8／13.8 | 1.5Y6.4／11.8 |
| こん | 5.5PB1.3／3.9 | 6.0PB1.8／2.4 |

それぞれ、同じインキを同じ条件で印刷しても、HV/Cの数値に微妙な違いがみられるのは、ライナのHV/Cに差があるために発色が異なるということであり、色の道の難しさを感じないわけにはゆかない。一日も早いライナの色の標準化が待ち望まれる。(詳細を知りたい方は日報出版発行の「段ボール工場の品質管理」を参照ください)

# 第6章 段ボール箱の包装設計

　いろいろな角度から検討された結果、使用する原紙及び段ボールの種類が決まれば、実際に箱を作るための包装設計をすることになるので、以下に段ボール箱の包装設計手順について述べる。

## 1　包装設計の手順

　包装設計は、まず正確な図面の作成に始まる。

### 1.1　作図に用いる図記号

　まず、設計図を描く場合に、国際的に通用する図記号を示すと、図6－1に示すように断裁、けい線、溝切りなどを指定の図記号で示さなければならない。

図6－1　作図に用いる図記号

| 断裁、けい線、及び溝切りなどの種類 | 図　記　号 |
|---|---|
| 外周線 |  ———————— |
| 溝切り |  ＝＝＝＝＝＝＝＝ |
| 内折りけい線 |  － － － － － － － |
| 外折りけい線 |  —·—·—·—·—·— |
| 二重けい線 | 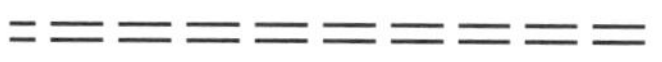 ＝＝＝＝＝＝＝＝＝ |
| ミシン目 |  - - - - - - - - - - - - |
| のこ（鋸）刃切断線 | 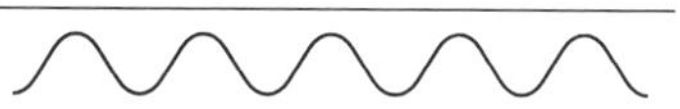 ∿∿∿∿∿ |

　また、02形箱の接合については、箱の展開図を描く場合、継ぎしろ部分の

- 213 -

接合方法の記号及び図記号については図6-2に示す。

図6-2　接合

| 接合の種類 | 記号 | 図　記　号 |
|---|---|---|
| 平線接合 | S |  ‖‖‖‖‖‖‖‖ 又は ／／／／／／／／ |
| テープ接合 | T |  ＜＜＜＜＜＜＜＜＜＜ |
| グルー接合 | G | 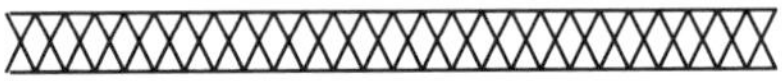 ⊠⊠⊠⊠⊠⊠⊠⊠⊠⊠⊠⊠ |

手掛け穴を描く場合の図記号は図6-3に示す。

図6-3　手掛けあな

| 手掛けあなの種類 | 図　記　号 |
|---|---|
| Pタイプ | 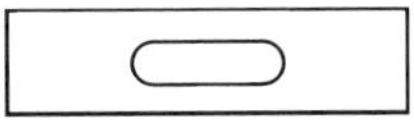 |
| Uタイプ | 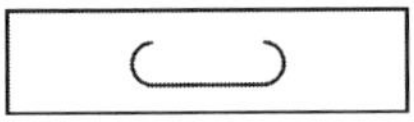 |

　そして、箱の寸法表示については、必ず、長さ、幅及び高さの順で書き、次の記号で表し、単位はmmとする。

箱の寸法表示＝長さ (L) ×幅 (W) ×高さ (H)

## 1.2　段ボール箱の包装設計の基本

　段ボールで各種の形式の箱を作る場合に、箱構成の要因の基本となるのは、図6-4に示すようにけい線を加工して折り曲げることによって形成されるL字型とコの字型が基本となるが、打抜箱の場合にはけい線を少しずらして加工することが出来る、いわゆる"段違いけい線"とがあり、この加工方式によっ

て非常に寸法精度の高い箱を作成出来る。

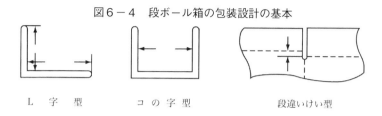

図6－4　段ボール箱の包装設計の基本

L　字　型
コ の 字 型
段違いけい型

段ボール箱の内のり寸法の特徴は、けい線加工によって、そこを基点として折り曲げると、図6－5に示すように雄けい線の中心部で段が潰れて、ちょうど段ボールの厚さの中心部位まで食い込んでしまう。

図6－5　けい線と組立て寸法の関係

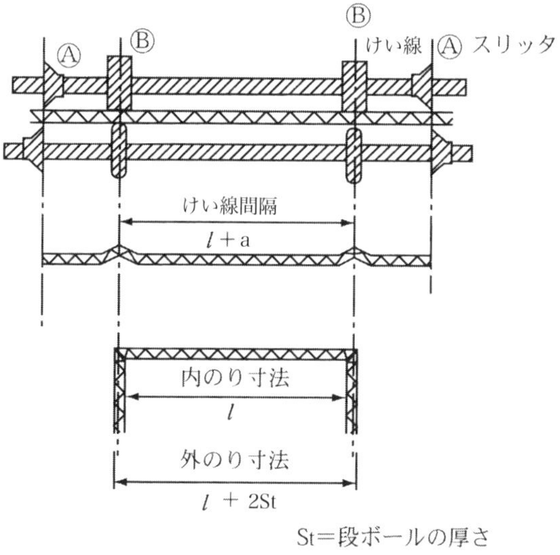

Ⓐ
Ⓑ
Ⓑ
けい線
Ⓐ スリッタ
けい線間隔
l＋a
内のり寸法
l
外のり寸法
l ＋ 2St
St＝段ボールの厚さ

そこで、内のり寸法を正確にだすために、予めけい線が食い込む分を加算しておく必要がある。それぞれのフルート別の加算値は表6－1に示す通りであ

表6-1　段ボール箱の包装設計の基本加算値

単位 mm

| フルートの種類＼加算値 | L字型 | コの字型 | 段違い |
|---|---|---|---|
| Aフルート | 3 | 6 | 3 |
| Bフルート | 1 | 3 | 2 |
| Cフルート | 2 | 5 | 2 |
| ABフルート | 5 | 9 | 5 |
| BCフルート | 4 | 8 | 4 |
| Eフルート | 0 | 2 | 1 |
| Fフルート | 0 | 1 | 0.5 |
| Gフルート | 0 | 0.5～1 | 0～0.5 |

る。従って、段ボール箱のけい線間の寸法間隔を要約すると次の通りである。

　すなわち、長さが $\ell$ という寸法の商品を正確に段ボール箱の長さ間隔の間に納めるには、箱を作る場合に少し寸法をプラスしておかないと、商品が入らなくなる。予めプラスする寸法を加算値と呼び、ほぼ段ボールの厚さに等しい。

　その結果、商品は適切に箱の中に納まる。これが段ボール箱としての第一の役割であるが、物流上の必要寸法は、外のり寸法であり、次のように考えればよい。

$$箱の外のり寸法＝箱の内のり寸法＋2St$$

　ただし、0201形箱の高さの外のり寸法＝箱の内のり寸法＋約3.5Stとなる。

## 1.3　段ボール箱の包装設計

　以下に、代表的な段ボール箱及び附属類の形式の設計方法について述べる。

### 1.3.1　0201形箱の包装設計

　02形式の中で輸送箱として世界中で多用されている代表形式0201形箱の立体図は、図6-6に示すように外フラッ

図6-6　0201形箱立体図

プが天地面で突き合せになる形式であるが、その設計手順は以下の通りである。

仮に包装品の寸法が、$\ell \times \omega \times h$ mmであるとすると、段ボール箱の内のり寸法と設計上の展開寸法との関係は、それぞれ、表6－2及び図6－7の展開図で表すことが出来る。

表6－2　0201形箱の内のり寸法と展開寸法の記号

| 寸法区分＼名称 | 長さ | 幅 | 高さ | フラップ |
|---|---|---|---|---|
| 内のり寸法 | $\ell$ | $\omega$ | $h$ | |
| 展開寸法 | $L_1$、$L_2$ | $W_1$、$W_2$ | $H$ | $F$ |

図6－7　0201形箱の展開図

ここで、できあがった箱の内のり寸法が、商品の外のり寸法である$\ell \times \omega \times h$ mmよりもごくわずか大き目に仕上がらなければならないので、表6－3に示

表6－3　0201形箱における加算値

単位 mm

| フルートの種類＼加算値 | $\alpha_1$ | $\alpha_2$ | $\alpha_3$ | $\alpha_4$ |
|---|---|---|---|---|
| Aフルート | 6 | 3 | 9 | 4～5 |
| Bフルート | 3 | 0 | 6 | 2～3 |
| Cフルート | 5 | 2 | 7 | 3～4 |
| ABフルート | 9 | 6 | 18 | 6～7 |
| BCフルート | 8 | 5 | 15 | 5～6 |

す寸法を選定した段ボールの種類に応じて加算しなければならない。

### 1.3.2　0302形箱の包装設計

　03形式の中から、0302形箱を選びその設計法を説明すると、この形式は2枚の段ボールを組み合わせて構成され箱の高さの部分が二重構造になり、通称"かぶせ箱"とも呼ばれ、段ボール箱だけでなく板紙などの分野でも多用されており、われわれの家庭内でもよく見掛けられる形式で馴染み深い。

　この形式の立体図及び展開図は、図6-8に示すように2枚の同寸法の段ボールで作られるので、身とふたの高さが少し異なり、それぞれの加算値は、表6-4に示す通りになるので、両者の高さHとH⁺に差が生じることがわかる。

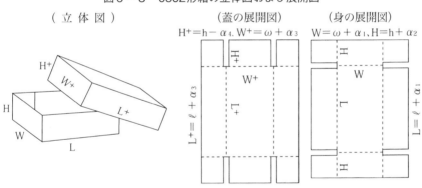

図6-8　0302形箱の立体図および展開図

表6-4　0302形箱における加算値

単位 mm

| フルートの種類 加算値 | $\alpha_1$ | $\alpha_2$ | $\alpha_3$ | $\alpha_4$ |
|---|---|---|---|---|
| Aフルート | 6 | 3 | 18 | 3 |
| Bフルート | 3 | 1 | 11 | 3 |
| Cフルート | 5 | 2 | 15 | 3 |
| ABフルート | 9 | 4 | 27 | 5 |
| BCフルート | 8 | 3 | 24 | 4 |

### 1.3.3　0410形箱の包装設計

　04形式の中から、0410形箱を選びその設計法を説明すると、この形式は別名ラップ・ラウンドボックス（wrap around box）とも呼ばれ、打抜箱を代表する形式で、立体図及び展開図は、図6−9に示すように継ぎしろの位置を箱の内側にするか外側にするかによって表6−5に示すように加算値が少し異な

図6−9　W.A箱の立体図および展開図

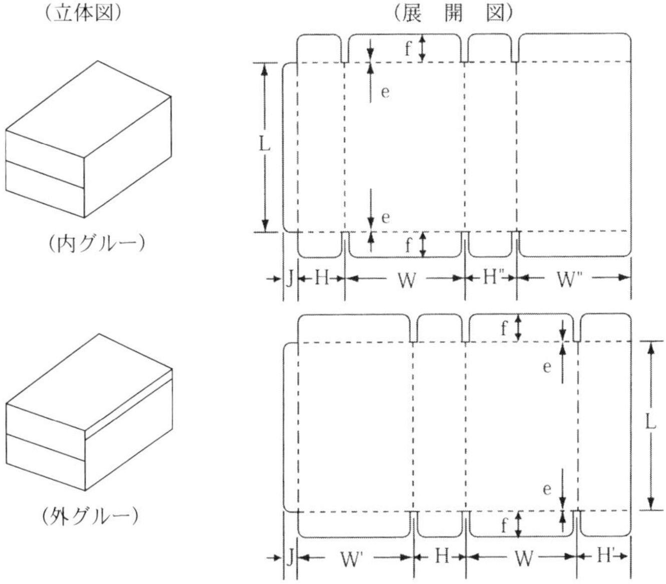

表6−5　W.A箱における加算値

単位 mm

| フルートの種類 ＼ 加算値 | L | W | H | W' | W" | H' | H" | f | e | J |
|---|---|---|---|---|---|---|---|---|---|---|
| Aフルート | $\ell+6$ | $\omega+6$ | $h+6$ | $\omega+9$ | $\omega+1$ | $h+3$ | $h+9$ | $h/2+3$ | 3 | 35 |
| Bフルート | $\ell+3$ | $\omega+3$ | $h+3$ | $\omega+5$ | $\omega+1$ | $h+1$ | $h+5$ | $h/2+1$ | 2 | 35 |
| Cフルート | $\ell+5$ | $\omega+5$ | $h+5$ | $\omega+7$ | $\omega+1$ | $h+2$ | $h+7$ | $\omega/2+2$ | 3 | 35 |
| ABフルート | $\ell+9$ | $\omega+9$ | $h+9$ | $\omega+15$ | $\omega+2$ | $h+5$ | $h+15$ | $h/2+5$ | 5 | 40 |
| BCフルート | $\ell+8$ | $\omega+8$ | $h+8$ | $\omega+13$ | $\omega+1.5$ | $h+4$ | $h+13$ | $\omega/2+4$ | 4 | 40 |

- 219 -

る。また、この形式は、主としてビールやコーラなどの缶包装を超高速度で自動包装するのに適し、0201形箱のように段ボールメーカーで箱を完成させるのではなく、ユーザーでパッケージして箱を完成させるので箱の寸法精度や段違いけい線加工も行われると共にレベルの高いけい線強さの管理が要求される。

## 1.3.4　0504形箱の包装設計

05形式の中から、内装箱として多用されてきた0504形箱の設計法を説明すると、この形式は2枚の段ボールを組み合わせて構成され、立体図及び展開図は図6－10に示す通りであり、設計上の加算値は表6－6の通りになる。

図6－10　0504形箱の立体図および展開図

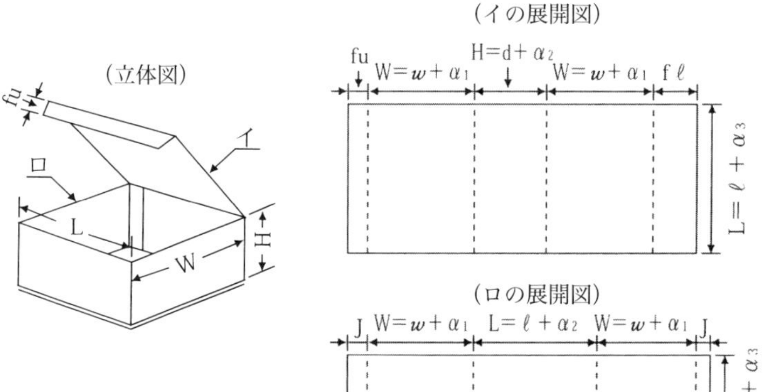

表6－6　0504形箱における加算値

単位 mm

| フルートの種類 ＼ 加算値 | $\alpha_1$ | $\alpha_2$ | $\alpha_3$ | fu | f $\ell$ | J |
|---|---|---|---|---|---|---|
| Aフルート | 9 | 6 | 1 | 36 | h－30 | 30 |
| Bフルート | 6 | 3 | 1 | 36 | h－33 | 30 |
| Cフルート | 8 | 5 | 1 | 36 | h－31 | 30 |

第6章　段ボール箱の包装設計

　この形式の特徴は、段ボールの使用面積が少ないので経済的であるが、構造的には弱いので輸送用箱として使われることはなく、主として内装箱あるいは個装箱として多用されている。

### 1.3.5　0601形箱の包装設計

　06形式の中から、著名な0601形箱をとりあげて設計法を説明すると、この形式は、発明者の名前をとってブリス・ボックス（Bliss box）とも呼ばれ、ボディブランクにエンドパネルと呼ばれる2枚の段ボールを幅面に専用機で接合して作られる複雑な形式で、立体図及び展開図は、図6−11に示す通りであり、設計上の加算値は、表6−7の通りとなる。

　この形式の特徴は、エンドパネルとボディブランクの材質を変えることにより、圧縮強度のコントロールが出来ることであり、例えば、ベニヤ板などの強力な異素材をエンドパネルに使用すれば、通い箱的な耐久性のある使い方が可能である。

図6−11　ブリス・ボックスの立体図および展開図

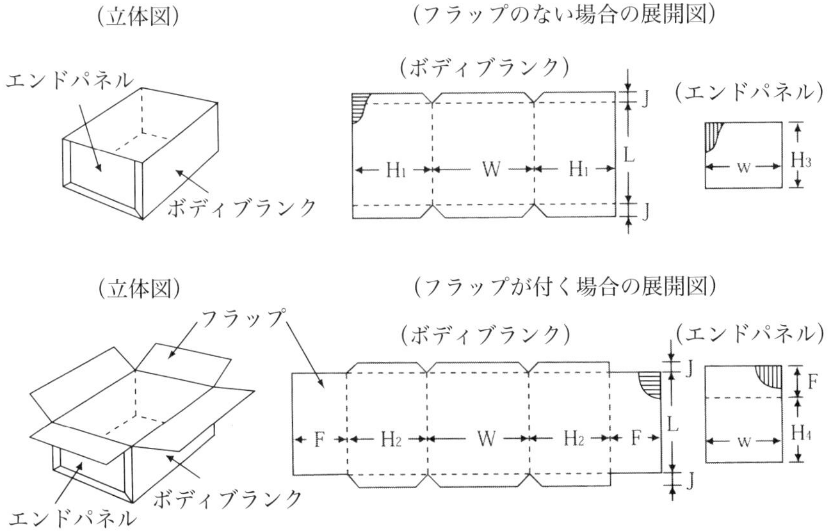

（立体図）　　　　　　　　　（フラップのない場合の展開図）

（立体図）　　　　　　　　　（フラップが付く場合の展開図）

- 221 -

表6－7　ブリス・ボックスにおける加算値

単位 mm

| フルート及び部分の種類 加算値 | | L | W | H | | | | J |
|---|---|---|---|---|---|---|---|---|
| | | | | ボディブランク | | エンドパネル | | |
| | | | | H₁ | H₂ | H₃ | H₄ | |
| ボディブランク | エンドパネル | | | フラップなし | フラップあり | フラップなし | フラップあり | |
| Aフルート | Aフルート | ℓ +16 | ω + 6 | h + 3 | h + 8 | h + 1 | h + 3 | 40 |
| Aフルート | ABフルート | ℓ +22 | ω + 6 | h + 3 | h +11 | h + 1 | h + 5 | 40 |
| ABフルート | ABフルート | ℓ +25 | ω + 9 | h + 5 | h +13 | h + 1 | h + 5 | 45 |
| BCフルート | BCフルート | ℓ +23 | ω + 8 | h + 4 | h +12 | h + 1 | h + 4 | 45 |

表の H 列の見出しは、H₁ $H_1$, H₂ $H_2$, H₃ $H_3$, H₄ $H_4$ です。

## 1.3.6　0748形箱の包装設計

　07形式は、表題にも示してあるように "のり付け簡易組立形" であり、予め段ボールメーカーで箱を完成させて納入し、ユーザーで簡単に組み立ててすぐにパッケージ出来る形式であり、斜めのけい線を巧みに活用するが、もちろん箱の寸法制約、特に深さ寸法が制約を受けるので、贈答箱など平箱としての利用度が高い。その代表例として0748形箱を図6－12に示すが、打抜箱として、段違いけい線や包装作業性を考えたけい線の入れ方を考慮した複雑な使い方をしたものであることがわかる。

図6－12　0748形展開図の加算値

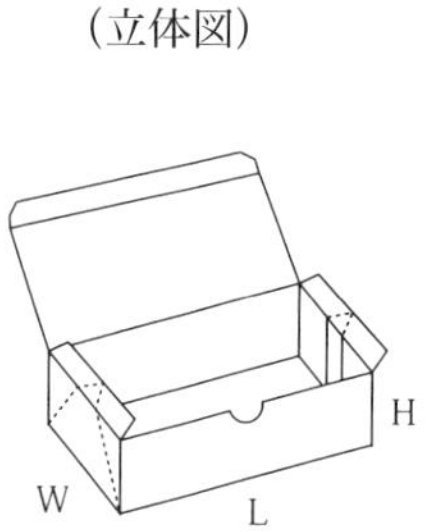

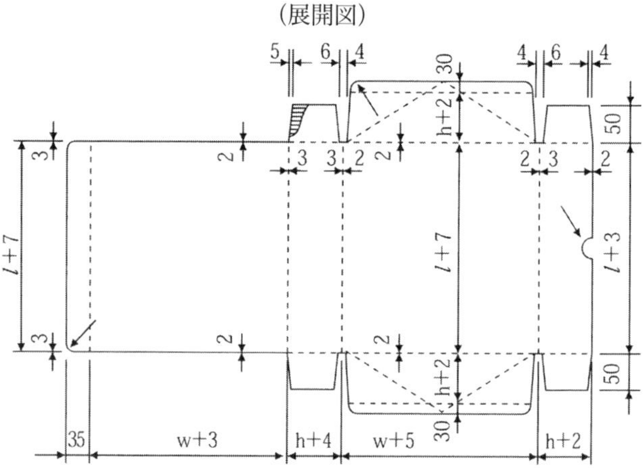

（展開図）

（立体図）

### 1.3.7　09形の代表的な附属類の設計

07形の代表的な附属類の中から比較的利用頻度の高い、胴枠と仕切についての設計方法と0201形箱との組み合わせた設計方法について述べる。

#### (1) 0904形（胴枠）

胴枠は、スリーブ (sleeve) またはチューブ (tube) とも呼ばれ、その利用目的は、0201形箱だけでは内容品の保護機能が不足する場合、特に、圧縮強度の補強には、経済的にも強度的にも極めて効果的である。

胴枠の使用方法を大別すると、図6-13に示すように継ぎしろを付ける方法と、継ぎしろをつけないでどこか（箱のコーナーまたは各面の中央部）で突き合せにする方法とがあり、付けた場合の設計上の加算値を表6-8に示す。

図6-13　胴　枠

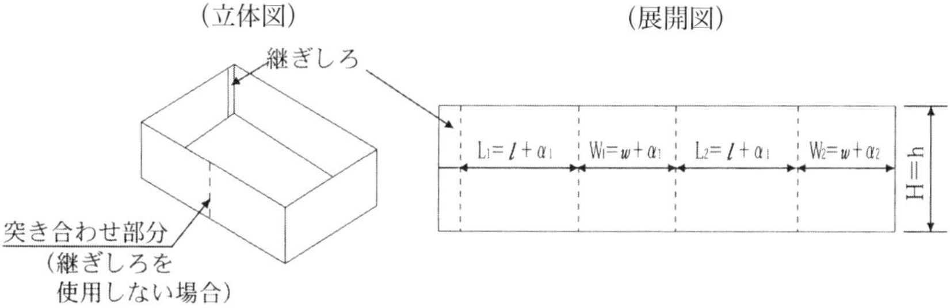

表6-8　加算値

単位 mm

| 加算値　フルートの種類 | $\alpha_1$ | $\alpha_2$ |
|---|---|---|
| Aフルート | 6 | 3 |
| Bフルート | 3 | 0 |
| Cフルート | 5 | 2 |
| ABフルート | 9 | 6 |
| BCフルート | 8 | 5 |

- 223 -

また、その胴枠が0201形箱に密着した状態で納まる0201形箱設計の加算値を表6−9に示す。

表6−9　胴枠に対する0201形箱の加算値

（内のり寸法）　　　　　　　　　　　　　　　　　　　　　　（0201形箱の展開寸法）

単位 mm　　　　　　　　　　　　　　　　　　　　　　　　　単位 mm

| 加算値　フルートの種類 | 長さ | 幅 | 高さ | 長さ | 幅 | 高さ |
|---|---|---|---|---|---|---|
| Aフルート | $\ell$ +10 | $\omega$ +10 | h | $\ell$ +16 | $\omega$ +16 | h + 9 |
| Bフルート | $\ell$ + 6 | $\omega$ + 6 | h | $\ell$ + 9 | $\omega$ + 9 | h + 6 |
| Cフルート | $\ell$ + 8 | $\omega$ + 8 | h | $\ell$ +12 | $\omega$ +12 | h + 8 |
| ABフルート | $\ell$ +16 | $\omega$ +16 | h | $\ell$ +25 | $\omega$ +25 | h +18 |
| BCフルート | $\ell$ +14 | $\omega$ +14 | h | $\ell$ +21 | $\omega$ +21 | h +16 |

## (2) 0933形（仕切り）

　仕切りはパーティション（partition）とも呼ばれ、主としてガラスビンやプラスチックボトル類などの保護機能を目的として輸送箱と併用される。

　従って、内容品の形状、大きさ、素材の種類などによって仕切りの形状や材質を検討する必要があるが、ここに代表的な形式として0933形の仕切りを0201形箱と併用する場合について述べる。

　0933形仕切りの設計の基本的な考え方については図6−14に示すが、設計のキーポイントは、仕切りが箱の中にスムースに入るようにするために、箱の内側に接触する部分を1〜2㎜位短く設計することである。

　次に、できあがった仕切りが適切に入る0201形箱の内のり寸法及び箱の展開寸法は表6−10に示す通りである。

# 第6章 段ボール箱の包装設計

図6-14 仕切りの設計図

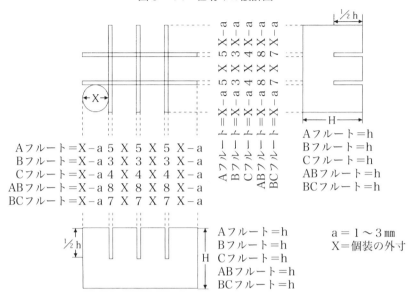

Aフルート＝X-a 5 X 5 X 5 X-a
Bフルート＝X-a 3 X 3 X 3 X-a
Cフルート＝X-a 4 X 4 X 4 X-a
ABフルート＝X-a 8 X 8 X 8 X-a
BCフルート＝X-a 7 X 7 X 7 X-a

Aフルート＝X-a 5 X 5 X 5 X-a
Bフルート＝X-a 3 X 3 X 3 X-a
Cフルート＝X-a 4 X 4 X 4 X-a
ABフルート＝X-a 8 X 8 X 8 X-a
BCフルート＝X-a 7 X 7 X 7 X-a

Aフルート＝h
Bフルート＝h
Cフルート＝h
ABフルート＝h
BCフルート＝h

Aフルート＝h
Bフルート＝h
Cフルート＝h
ABフルート＝h
BCフルート＝h

a＝1～3mm
X＝個装の外寸

表6-10 上部仕切りに対する箱

(内のり寸法)

単位 mm

| フルートの種類 \ 加算値 | 長さ | 幅 | 高さ |
|---|---|---|---|
| Aフルート | mX+5 (m-1) | nX+5 (n-1) | h |
| Bフルート | mX+3 (m-1) | nX+3 (n-1) | h |
| Cフルート | mX+4 (m-1) | nX+4 (n-1) | h |
| ABフルート | mX+8 (m-1) | nX+8 (n-1) | h |
| BCフルート | mX+7 (m-1) | nX+7 (n-1) | h |

(0201形箱の展開寸法)

単位 mm

| フルートの種類 \ 加算値 | 長さ | 幅 | 高さ |
|---|---|---|---|
| Aフルート | 〔mX+5 (m-1)〕+6 | 〔nX+5 (n-1)〕+6 | h+9 |
| Bフルート | 〔mX+3 (m-1)〕+3 | 〔nX+3 (n-1)〕+3 | h+6 |
| Cフルート | 〔mX+4 (m-1)〕+5 | 〔mX+4 (n-1)〕+5 | h+8 |
| ABフルート | 〔mX+8 (m-1)〕+9 | 〔nX+8 (n-1)〕+9 | h+18 |
| BCフルート | 〔mX+7 (n-1)〕+8 | 〔nX+7 (n-1)〕+8 | h+14 |

## 1.4 展示用段ボール包装の設計上の留意点

欧米先進国においては、段ボールを用いて宣伝の媒体として多用されているが、この種の段ボール包装をディスプレイ包装 (Display packaging) と呼び次に示す二つの流れがある。

$$
\text{ディスプレイ包装} \begin{cases} \text{ディスプレイボックス} \\ \text{ディスプレイスタンド} \end{cases}
$$

両者の違いは、ディスプレイ段ボール箱は、段ボールの一部に予め加工を施しておき小売店やスーパーマーケットにおいて展示する際に簡単に切断して箱のまま展示することが出来るように考えられたものである。

ディスプレイスタンドは、商品を段ボールで作った特殊な構造体に組み上げて箱から取り出して展示するものの総称でたくさんの種類がある。

ここでは、わが国ではごく身近に関連があると思われる前者の包装設計に当たっての留意点について述べる。

## 1.4.1 段ボールの切り口の良否

この方式は、既にわが国でも多用されているが0201形箱を一定の部分で切り離してそのまま棚に展示する。

従って、切り口が悪いと図6-15に示すように商品のイメージを損なう結果になるので、その加工技術が問われる。

切り口加工の方法には、幾つかの方法があるが古くはコルゲータ工程で綿テープやプラスチックテープを段ボールの裏側に貼付したり、ライナカットと呼ばれるシングル側のライナのみをスリットしながら貼合していく技術も開発されてきた。

また、打抜き工程で切断しやすいいろいろな形状が考案されてきたが、いずれの方法も単に切り口のことだけを考えるのではなく、箱圧縮強度との相関を

第6章　段ボール箱の包装設計

図6-15　段ボールの切り口

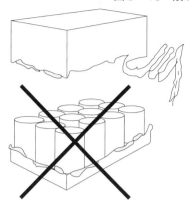
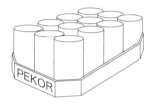

ワンタッチ開封のテープで開けた切り口がギザギザになっていては小売りには適さない。

ready to sell Unitは見かけが良くなければならない。

考慮してより良い方法を開発して行かなければならない。

### 1.4.2　ディスプレイボックス（0201形箱）の切断位置決定上の留意点

　切り口の位置をどの辺にするかは非常に重要なことである。せっかく加工した切断機能も、実用にあたってその機能に障害を来すことになりかねないので、以下のことを配慮し位置を決めなければならない。

(1) 内容品の大きさや展示条件の確認

　比較的大きな個装品を棚の間に展示する場合トレイの深さが深いと図6-16に示すような状態になりかねないので個装のサイズと展示の実態をよく確認してカッティング位置を決めなければならない。

- 227 -

図6-16 カッティング位置の良否

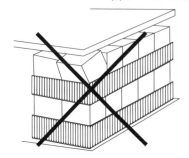 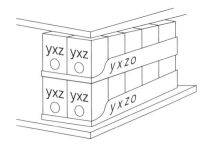

外装は顧客が簡単に欲しいものを取り出せるようになっていること。

(2) 個装の美しさを活かす配慮

　外装段ボール箱の中には美しい個装品が入っている。
　その美しさを活かすのがディスプレイボックスの使命であるから、図6-17に示すように会社名や商品名など重要な部分が見えるようなカッティング位置や形状を配慮することが必要である。

図6-17　個装を活かす配慮

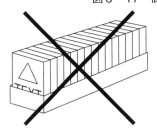 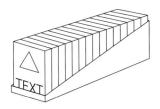

包装の文字や図柄はready to sell Unitのパッケージに合っていること。

## (3) 不具合なカッティングデザイン

以上述べたようにディスプレイボックスの使命は、商品展示における機能性の追求であるから例えば図6－18に示すようなデザインはその役を果たせない。

図6－18　不具合な一例

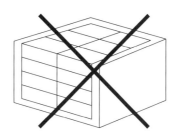

個装が幾層にも重なった外装は不適当である。

## 1.4.3　段ボールとプラスチックフィルムとの併用上の留意点

段ボールをシュリンク包装などプラスチックフィルムと併用する場合の基本的な考え方について述べる。

### (1) 段ボールの構造的強度を活用

図6－19に示すようにシュリンク包装において、台紙として段ボールを使用する場合に、単に一枚の切断した段ボールシートを用いるのは不適当である。

従って、段ボールを図6－20に示すようなトレー形状にし、中身を十分に支えられるような品質及び構造をもつ段ボールを選ばなければならない。

図6－19　台紙としての段ボール

ready to sell用のパッキング方式はフィルム掛けだけでは不適当である。

この基本的な包装技術を疎かにすると、実用に当たって図6-21に示すような危険性を招くことがあるので十分注意しなければならない。

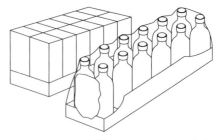

図6-20　構造強度の活用

ready to sellの店舗用パッキングは中身を支えるサポート部が必要である。

図6-21　段ボールトレーの役割

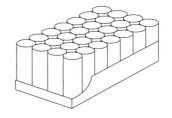

ready to sell用のパッキングは端を持って持ち上げられるようなものであること。

(2) 個装の形態やその使用目的の配慮
　個装の形状や形態およびその使用目的に応じた配列を配慮した段ボールの設計が大切である。
　例えば、図6-22に示す小袋包装の場合には、外装に使われているシュリンクフィルムを外して展示しようとすると商品がこぼれ落ちてしまう。
　パッケージのみでなく、開梱の機能性や安全性についての十分な配慮が必要である。また、小さなカートンボックスの一定位置に小売段階で値札などのラベルを貼りたい場合には、図6-23に示すように予め個装を指定の方向に配列して包装すると良い。

図6-22　袋物の包装例

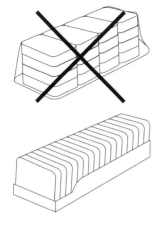

外装に使われているフィルムを取った後で商品を移動する時、商品がこぼれ落ちないこと

図6-23　機能性を配慮した包装例

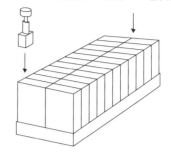

消費者用の個装は一列に並んでいると、移動や値付けに便利である。
小売業界では簡単に開けることのできるパッケージが好まれる。

## 2　段ボール箱の内のり寸法の確認

　包装設計者にとって、できあがった箱が所定の内のり寸法通り仕上がっているかどうかを確認することは最も重要なことである。
　これは、段ボールメーカーにおいてもまったく同様の意義を持っており第3章で述べた通りである。
　もともと、内容物を入れない段ボール箱は非常に不安定であり、内のり寸法の測定はやりにくい。
　0201形箱の内のり寸法の測定方法は、図6-24に示すような直角ジグを使用して箱の外側をきちんと固定しておき、箱の内側が必ず直角になっていることを確認したうえで内のり寸法を測定しなければならない。
　特に深さについては、内フラップをはさんで直角を維持したうえで測定しなければならない。

図6-24 内のり寸法の測定方法

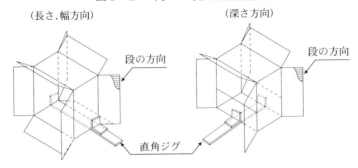

## 3 物流と包装と包装試験

　適正な段ボール箱が設計されたかどうかを判断する方法として物流を前提とした各種の包装試験による確認が必要である。
　今までのように包装だけを合理化すればよいという時代は終わり、物流の中での包装というグローバルな捉え方をすることによって、物流を合理化しなければならない。
　従って、この目的を達成するには、出来るだけ正確な物流実態を把握し、それに基づいた試験条件を設定することが重要である。
　近時、物流条件は改善が進んでいるので、新しい情報の収集と実態の把握を怠ってはならない。
　ここに物流と段ボール包装とその試験方法についての関連性と、その考え方の基本論について述べる。

### 3.1　物的流通 (Physical distribution→Logistics)

　物的流通とは、いったい何かということについて簡単に説明してみる。物的流通についてわかりやすく図示してみると、図6-25に示すように、ある商品が工場で製造されて、包装され、倉庫などに貯蔵され、輸送され、その間に荷役されて定められた目的地に到着し、販売されるまでの過程を総称したもの

である。

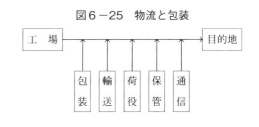
図6-25 物流と包装

要するに物の一つの流れであり、英語ではPhysical distribution、略してP.D.とも呼ばれてきたが、最近ではLogistics（兵站学）と呼ばれるようになり、日本語も省略して物流とも呼んでいる。

さて、この一連の流れの中で包装の果たす役割は、それぞれの過程における扱いの媒体として重要な機能を果たすものであり、量的にもまた質的にも著しい変革をしてきた。

段ボール包装は、現在の物流過程における包装素材としても、また経済的にも非常に適合した性質を持っているので、数ある包装材料の中でも圧倒的な支持を受けているが、物流の条件が大きな変化をすれば当然それに応じて変化していくものと考えられる。

さらに、役目を終えた包装材料の廃棄の難易性、さらにリサイクリング性など地球上の限りある資源愛護という背景の中で、将来を考えた対策をたててゆかなければならなくなってきた。

## 3.1.1 物的流通の中身

物流については、図6-25に示したようにその内容としては、輸送、保管、荷役、包装のほかに通信あるいは情報の諸活動を含むものであるが、これらは本来、相互に密接な関連性を持っているため、これらの関連性をよく認識して正確に物流の実態を把握して具体的な対策を行うことが必要である。

そして、それぞれの結合性ないし関連性を充分に考えていくことが、物流費の合理化を図るうえで大切である。

たとえば、包装の改善を図る場合、包装だけでなく、輸送、荷役、さらに倉庫保管との関係を広く認識して相互の理解を考えるべきであり、もしこの関連性を無視して簡易化したり、経費節減の見地だけから包装改善を実施すると

種々の事故を起こし、結局は物流費を押し上げてしまい、物流費全体で眺めるとコスト高になることもしばしばである。

　また、荷役についても同様で、包装方式のいかんによって荷役の効率および損傷に大きな影響を及ぼすことになる。

　工場、駅頭、倉庫などの場所的条件によって、取り扱う包装品に応じて適切な荷役処理を行う必要があり、しかも従来のような人力による手荷役では人件費の圧迫がますます増えるばかりであるから、パレットやコンテナなどによる機械荷役を導入してゆかなければならないし、またその機械荷役も、その荷造り包装に応じて複雑に分化してゆく必要が生じてくる。

　輸送と保管、輸送と荷役との関連性についても同じである。

　このように商品の流通にあたっては、輸送、荷役、保管、包装、情報の各機能がそれぞれ複雑に相互に関連し、かつ一貫して流通することを考えると、物流における各構成部分のそれぞれの合理化はもちろん必要であるが、同時に、その相互関連性を認識し、全体として総合的にみる、いわゆる物的流通システムが、その円滑化、合理化を推進するうえで非常に大切なことであるといえる。

### 3.1.2　物的流通実態の把握

　本当に良い段ボール包装をするためには、自分の会社がどのような物的流通の条件下におかれているかということを正確に把握しておかなければならない。

　物流の中の包装については図6-25に示した通りであるが、この中で包装がどのような役割を持っているか考えてみると、次の関係が成り立つ。

　すなわち、包装は輸送、荷役、保管の3つの条件を満足させるように考えた

ものでなければならない。
　従って、自社の輸送、荷役、保管の状態がどのように行われているかという実態を正確に把握しなければ、適正な段ボール包装の条件を考え出すことは困難である。
　一般に、この3つの条件を把握しないで包装を考えると、次に示す現象を招くことになる。

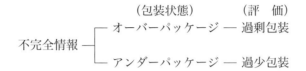

　オーバーパッケージとアンダーパッケージとは、包装コスト、さらには商品イメージと深い関連性を持ち、会社の信用問題にまで発展する場合もあるので、包装担当者としては充分注意しなければならない。

　それでは、良い包装をするための物流条件の実態を把握するポイントについて述べる。

## 3.1.3　輸送、荷役、保管条件のチェックポイントと適正包装
（1）輸送条件のチェックポイント
　輸送条件とは、いうまでもなくどんな輸送方法で貨物を輸送するかということがまず最大のポイントである。
　すなわち、輸送機関の主体は何か、トラックか、船舶か、それとも貨車か、

それとも混載便か、ということによって貨物の積み込み、積み卸しの回数に大きな差が生ずる結果になる。

## (2) 荷役条件のチェックポイント

荷役条件とは、いうまでもなく貨物の積み込み、積み卸しをどんな方法で行うか、ということを知ることが最大のポイントになる。

すなわち、荷役の方法は何か、パレチゼーションによるフォークリフトを使用するのか、それとも人力による手作業で行うのかということによって貨物の受ける損傷の度合いに大きな差が生ずる。

また、貨物の積み込み、積み卸しの回数も、貨物に与える損傷の度合いに大きな要因になることはいうまでもないことである。

そして、荷扱い条件の良し悪しによって貨物の受けるダメージの差も大きく違ってくる。

従って、ラフハンドリングは、包装に対して最悪の敵であるともいえる。

## (3) 保管条件のチェックポイント

保管条件とは、いうまでもなく一定の平面積上にいかに効率よく貨物を積み上げるかということが最大のポイントでもある。

保管における貨物の積み上げ方には、パレットなどを使用しないで床に直接積み上げる場合、パレット単位で積み上げる場合、ラックビルなど近代化された積み上げ方式などいろいろの積み上げ方法があり、それぞれの条件によって段ボール箱の圧縮強さの決め方が変わってくることはいうまでもない。

例えば、一般の倉庫への段ボール箱の積み上げをラックビル方式に変更した場合の段ボール箱の必要圧縮強度が、どれ位変わるか計算により比較してみると次の通りである。


［例題］

サイズが1,100×1,100㎜、重さが40kgのパレットに、外寸法が360×300×250㎜、単体の重さが10kgの段ボール箱を4段積みにし、それを3パレット積みにして一般の倉庫に保管する場合と、1パレットをラックビルに保管した

第6章　段ボール箱の包装設計

場合を比較して、安全係数を3倍として計算して比較してみる。

［解答］

　本書の177頁に述べた段ボール箱の必要圧縮強度の計算式から計算してみると、次の通りである。

（一般倉庫）　　　　　　　　　　　（ラックビル）

$$P = K \times [W(n-1) + W/x \times (m-1)] \qquad P = K \times W \times (n-1)$$

$$P = 3 \times [10(12-1) + 40/9 \times (3-1)] \qquad P = 3 \times 10 \times (4-1)$$

$$P = 356.7\,\mathrm{kgf} = \boxed{3,498\mathrm{N}} \qquad\qquad P = 90\,\mathrm{kgf} = \boxed{883\mathrm{N}}$$

　すなわち、ラックビル方式にすると、従来の一般倉庫に比べ当然のことではあるが段ボール箱圧縮強度は約1/4で済み、大幅なコストダウンが出来ることになるので包装設計担当者は常に目を光らせていなければならない。

　保管条件における次の重要なチェックポイントは、保管期間が長いか短いか、そして保管中の倉庫の環境条件はどうか、たとえば、温度とか湿度はそれを元にいろいろの物理化学的な変化の発生が考えられるので充分な注意が必要である。

　以上、3つの重要なチェックポイントの基本について述べてきたが、これらの条件を熟知することによって初めて良い段ボール包装が出来る。

　一般に、このように物流実態の正確な把握をしたうえでできあがった包装のことを「適正包装」と呼んでいる。

## 4　各種包装試験

　段ボール箱の包装試験の基本を大別すると次のように分けることが出来る。

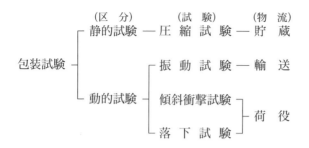

これらの包装試験を行う場合のキーポイントについて述べる。

## 4.1 包装試験の準備

包装試験を行うに当たって、予め準備しておかなければならない幾つかの条件について述べる。

### 4.1.1 試験容器の記号方法

段ボール箱の包装試験を行う場合に、箱に記号をつけておく必要があり、その記号の付け方についてはJIS Z 0201「試験容器の記号表示方法」に規定されているが、0201形箱について記号をつける場合には、図6-26に示すように継ぎしろ部分を手前にして天面を1とし、以下時計回りで順送りに付け、幅面も同様にして付ける。

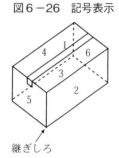

図6-26 記号表示

この記号表示は、単に試験時のみでなく実用時でも有効であり、早い対応がとれる。

### 4.1.2 試験の前処置

既述したように、段ボール箱は水分に敏感であり、環境条件の変化によって物性は大きく変わるので、試験に先立って前処置を正確に行わないと試験結果に誤差が生じる。

- 238 -

第6章　段ボール箱の包装設計

　前処置については、JIS Z 0203「包装貨物試験の前処置」に規定されており、要約すると表6-11に示す通りである。

表6-11　前処理の温湿度条件

| 温湿条件度 | 温度 ℃ | 温度の許容範囲 ℃ | 相対湿度 % | 相対湿度の許容範囲% |
|---|---|---|---|---|
| 1 | -55 | ±3 | - | - |
| 2 | -35 | ±3 | - | - |
| 3 | -20 | ±2 | - | - |
| 4 | 5 | ±1 | 85 | ±10 |
| 5 | 20 | ±2 | 65 | ±5 |
| 6 | 20 | ±2 | 90 | ±5 |
| 7 | 23 | ±2 | 50 | ±5 |
| 8 | 40 | ±2 | 90 | ±5 |
| 9 | 55 | ±2 | 30 | ±5 |

　表に定める条件下で少なくとも24時間以上調湿しなければならない。供試品は天面、四側面並びに底面の75％以上が調整された雰囲気にさらされるように配置されるように置かなければならない。出来るだけ、試験終了直後の箱の含水分を測定すべきである。

### 4.1.3　流通条件の区分
　適正包装を行う場合には、流通条件の把握は必須の条件であるが、JIS Z 0200「包装貨物-評価試験方法通則」には、次に示す4つに区分して輸送、保管及び荷役の軽重を指示しており、試験の指針となる。
　①レベルⅠ　転送積替え回数が多く、非常に大きな外力がかかる場合
　②レベルⅡ　転送積替え回数が多く、比較的大きな外力が加わる恐れがある
　　　　　　　場合
　③レベルⅢ　転送積替え回数及び加わる外力の大きさが、通常想定される程
　　　　　　　度の場合

④レベルⅣ　転送積替え回数が少なく、大きな外力が加わる恐れがない場合

## 4.2　圧縮試験 (Compression test)

　段ボール箱の圧縮強さ試験方法は、JIS Z 0212「包装貨物及び容器の圧縮試験方法」に規定されており、次に示す2つの方法がある。

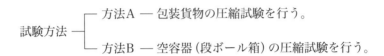

　普通行われている方法Bについては、第4章に詳述したので、ここでは、方法Aについて述べる。方法Aは上記したように、段ボール箱に実際に商品を詰めて一定荷重を加えて、内容品の損傷を調べる試験である。

　圧縮方向は、図6-27に示すように、対面、対りょう及び対角の3試験方法がある。

図6-27　圧縮試験方向

　普通、圧縮方向は積重ね方向の対面とし、次の式によって算出した荷重を加え、直ちに取り外して内容品の観察を行う。

$$F = 9.8 \times K \times M \times (n-1)$$

　ここに、
　　　　F：荷重 (N)
　　　　K：負荷係数 (1〜7)(表6-12による)

- 240 -

M：供試品の総質量（kg）

n：流通時の最大積み段数

1（kgf）＝ 1（kg）×9.8（m/s$^2$）＝ 9.8（N）

表6－12　負荷計数表

| 荷重による区分 | 負荷係数 容器の吸湿性による区分 |||
|---|---|---|---|
| | 吸湿しない | 吸湿の恐れ | 著しく吸湿 |
| 外装容器が荷重を負担する | 4 | 5 | 7 |
| 外装＋内装・内容品が荷重を負担する | 2 | 3 | 4 |
| 内容品・内装が荷重を負担する | 1 | 1 | 1 |

## 4.3　振動試験（Vibration test）

　段ボール箱の振動試験方法はJIS Z 0232「包装貨物－振動試験方法」に規定されており、次に示す3つの方法がある。

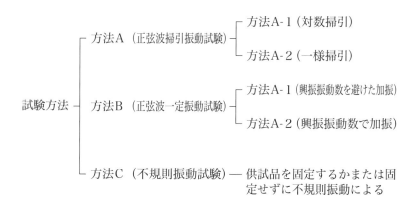

　振動制御装置は、設定した振動数範囲で所定の振動加速度または変位によって、振動発生機の振動を制御出来ること、また、不規則振動試験を行うための振動制御装置は予め定めた加速度またはパワースペクトル密度への立ち上げ及

び停止が滑らかに出来るとともに、ケーブルの切断によるフィードバック信号の停止など不測の事態が発生した場合には、直ちに加振を停止し、試験作業の安全が図られる機能を備えていることが要求される。

　試験条件の中の掃引とは、例えば、5～50Hzのように、規定の振動数範囲を連続的に変化させることをいう。

　試験の方法は、方法A-1（対数掃引）にあるのが普通で、供試品を振動台上に固定し、表6-13に示すピーク加速度で振動数を掃引させて加速する。加振時間は、表6-14に示す通りとする。

表6-13　振動加速度

単位m/s$^2$

| 輸送機関 | ピーク加速度 |
|---|---|
| 貨物自動車 | ±7.35 {±0.75 G} |
| 鉄道車両 | ±4.90 {±0.50 G} |

表6-14　加振時間

| 時間 min | 参考 輸送距離km | |
|---|---|---|
| 20 | | 1000未満 |
| 40 | 1000以上 | 2000未満 |
| 60 | 2000以上 | |

備考　船舶及び航空機による距離は、含めない。

　ただし、供試品の特性及び振動する振動試験機の種類によって、方法B（一定振動数で行う試験）によってもよいが、この方法で行う場合には、供試品を振動台上に固定して表6-15及び表6-16に示す条件によって加振する。

表6-15　振動加速度

単位m/s$^2$

| 輸送機関 | ピーク加速度 |
|---|---|
| 貨物自動車 | ±4.90 {±0.50 G} |
| 鉄道車両 | ±2.45 {±0.25 G} |

表6-16　加振時間

| 時間 min | 参考 輸送距離km | |
|---|---|---|
| 5 | | 1000未満 |
| 10 | 1000以上 | 2000未満 |
| 15 | 2000以上 | |

備考　共振振動数が複数ある場合は、それぞれの振動数で加振し、加振時間の合計が表4に合致するようにする。

第6章　段ボール箱の包装設計

さらに、共振振動数を避けた5〜10Hzの振動数で、表6−13に示すピーク加速度で加振する。加振する時間は、表6−14の加振時間から表6−16の加振時間を差し引いた時間とする。また、不規則振動試験を行う場合は、方法Cを採用し供試品を振動台上に固定して、表6−17に示す試験条件で加振する。

表6−17　振動数、パワースペクトル密度、振動時間

| 振動数範囲 | 5〜50Hz |
|---|---|
| パワースペクトル密度 | $1.44m^2/s^3$ {$0.015G^2/Hz$} |
| オーバーオールrms値 ([1]) | $8.05m/s^2$ {$0.822G$} |
| 時　間 | 20分 |

注 ([1]) 全体のrms値（実効値）であり、ここでは参考値とする。

次に、跳上がり振動試験を行う場合には、方法B-1を採用し、供試品を振動台上に固定しないで、表6−18の振動条件で、上下方向に加振する。

表6−18　振動数、振動加速度、振動時間

| 流通条件 | ピーク加速度<br>$m/s^2$ | 振動数<br>Hz | 時間<br>min |
|---|---|---|---|
| レベルⅠ、Ⅱ | ±10.8 {±1.1G} | 5〜10 | 15 |
| レベルⅢ | ±10.8 {±1.1G} | 5〜10 | 10 |
| レベルⅣ | ±10.8 {±1.1G} | 5〜10 | 5 |

備考：振動数は、共振振動数を避けて設定する。

さらに、積重ね振動試験については、わが国では、最下段の包装貨物に対する動的圧縮荷重は、静的な圧縮試験で評価し、最上段の包装貨物に対して振動加速度条件の厳しい振動試験を行って評価する方法が一般的であるが、国際動向を考慮し参考試験として取り入れている。なお、振動加速度及び加振時間の

- 243 -

条件については、わが国における実績はないが、米国の規格ASTMでは表6 -19のように規定している。

表6 - 19　積重ね振動試験条件（ASTM）

| 保証水準 | 振動数範囲 (Hz) | 振動加速度（G） | | 加振時間 (分) |
|---|---|---|---|---|
| | | 鉄道 | 自動車 | |
| レベルⅠ | 3〜100 | 0.25 | 0.5 | 15 |
| レベルⅡ | 3〜100 | 0.25 | 0.5 | 10 |
| レベルⅢ | 3〜100 | 0.25 | 0.5 | 5 |

## 4.4　傾斜衝撃試験（Incline impact test）

　傾斜衝撃試験は、落下試験ができないような150kg以上の非常に質量があって、当然容積も大きい貨物に対して特殊な方法で衝撃を与えて、内容品及び包装の適否について確認する試験である。

　近年、コンテナを使用する輸出において、海上輸送のあと鉄道輸送が行われる場合が増えている。この鉄道輸送において発生する前後衝突に対しての包装強度を評価する試験として取り入れている。

　従って、段ボール箱単体でのこの試験方法は、適応しないことになるが、ガラスびん類を包装した段ボール箱などのように、落下試験では破壊してしまうことが容易に想定される場合には、この試験を採用することもある。

　この試験法は、JIS Z 0205「包装貨物及び容器の傾斜衝撃試験方法」に規定されている。

　傾斜衝撃試験装置は、図6 -28に示すようにその重要な部分は、水平面に対し10°傾斜した2本のレールをもつ傾斜滑走路、滑走車ならびに衝撃板からできていて、それらの具備する条件が規定されている。

　傾斜衝撃試験を行う場合、衝突面は、輸送中に衝撃を受けると想定される面

第6章 段ボール箱の包装設計

図6-28 傾斜衝撃試験装置の一例

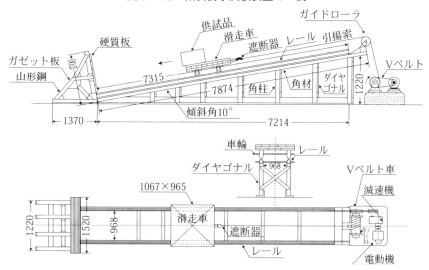

について行う。もし、衝撃を受ける面が複数想定される場合には、その中の最も弱い面とし、3回の衝撃を加える。

衝突速度及び衝突回数は、表6-20による。

衝突速度及び衝突回数については、米国の規格ASTM D 4169を参考にして定められているが、レベルⅢ、Ⅳの場合については、わが国における実情を考慮して定められており、衝撃回数を変更している。

従って、コンテナを使用したFCL貨物の流通条件はレベルⅣということになっているが、この傾斜衝撃試験については、レベルⅠまたはⅡを適用するか、ASTMに規定す

表6-20 衝突速度及び衝突回数

| 流通条件 | 衝突速度 m/s (km/h) | 衝突回数 |
|---|---|---|
| レベルⅠ | 3.61 (13)<br>2.78 (10) | 2<br>1 |
| レベルⅡ | 2.78 (10)<br>1.67 (6) | 2<br>1 |
| レベルⅢ、Ⅳ | 1.39 (5)<br>0.69 (2.5) | 2<br>1 |

る条件を参考にするとよい。

ASTMに規定する試験水準は、表6-21に示す通りである。

なお、ISO 4180-2では、水平衝撃試験における衝突速度の基本値を次のように規定している。

道路輸送……1.5m/s (5.4km/h)
鉄道輸送……1.8m/s (6.4km/h)

表6-21 衝突衝撃試験 (ASTM)

| 保証水準 | 衝突回数 | 衝突速度 (km/h) |
|---|---|---|
| レベルⅠ | 2<br>1 | 12.9<br>9.6 |
| レベルⅡ | 2<br>1 | 9.6<br>6.4 |
| レベルⅢ | 2<br>1 | 9.6<br>6.4 |

## 4.5 落下試験 (Drop test)

落下は、主として貨物の積み卸しや移動などの荷役中に起きる現象であって、振動や転倒に比較すると非常に大きな衝撃で、内容品の破損の大部分はこの時に発生するものと考えられる。

特に、わが国は欧米先進国に比較して物流の合理化が遅れているために人手に頼るハンドリングの傾向があるので、しばしばクレームの発生原因になっている。

従って、包装設計をする上で、貨物がどんな荷扱いをされているか正確に把握しておくことが大切である。

落下試験法は、JIS Z 0202「包装貨物-落下試験方法」に規定されており、試験装置は次の2つに大別される。

落下試験装置は、次の条件を備えていなければならない。

### 4.5.1 自由落下試験装置

自由落下試験装置は、図6-29に示す通りで下記の条件を備えていなければならない。

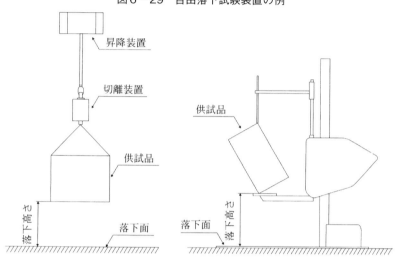

図6-29 自由落下試験装置の例

(1) 落下や衝撃が正しく行えるように供試品を任意の姿勢に保つことが出来ること。
(2) 任意の落下高さを正確に、かつ、容易に調整出来ること。
(3) 供試品の取扱い及びつり上げが容易に出来ること。
(4) 供試品を損傷しないような昇降装置をもつこと。
(5) 落下面は、次の通りであること。
　①落下面を構成する部材の質量は、供試品の質量の50倍以上であることが望ましい。
　②表面上のいずれの2点においても水平差が2mm以下であること。
　③表面上のいかなる点においても、98N（10kgf/100mm²）の静荷重で0.1mm以上の変形を生じないこと。

④供試品が完全に落下出来るような十分な大きさをもつこと。
⑤落下面は、コンクリート、石、鋼板などの堅固な材料で構築すること。

### 4.5.2　衝撃試験装置

　衝撃試験装置は、図6-30に示す通りで下記の条件を備えていなければならない。

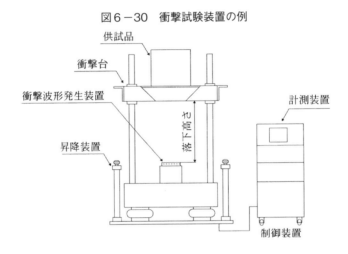

図6-30　衝撃試験装置の例

(1) 衝撃試験装置の主な構造は、ISO8568に準拠したものとする。
(2) 供試品を取り付ける衝撃台は十分な剛性をもち、試験中は水平に保たれ、落下方向以外に移動しないようなガイドによって保持されていること。
(3) 衝撃台上に発生出来る衝撃パルスは、正弦半波状で衝撃パルス作用時間が3 ms（3/1,000sec）以下まで可能であることが望ましい。
(4) 所定の速度変化を発生させるための落下高さの設定は、正確に、かつ、容易に調整でき、所定の速度変化に対する再現性は±5％であること。
(5) 衝撃台は、所要の衝撃パルスを発生後に二次衝撃を防止する機能をもつこと。

(6) 衝撃台は、供試品の落下姿勢を保持する器具が取り付けられる構造であること。

試験方法は、次のいずれかによって行う。

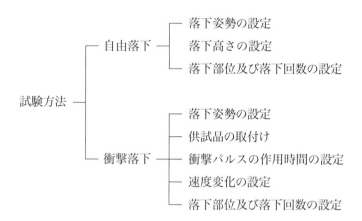

次に、各落下試験における重要な項目について示すと以下の通りである。

### 4.5.3 自由落下試験

(1) 落下高さの設定

落下高さの設定は、表6-22による。

表6-22 落下高さ（自由落下）

| 総質量 kg | 落下高さ cm ||||
|---|---|---|---|---|
| | レベルⅠ | レベルⅡ | レベルⅢ | レベルⅣ |
| 10未満 | 80 | 60 | 40 | 30 |
| 10以上 20未満 | 60 | 55 | 35 | 25 |
| 20以上 30未満 | 50 | 45 | 30 | 20 |
| 30以上 40未満 | 40 | 35 | 25 | 15 |
| 40以上 50未満 | 30 | 25 | 20 | 10 |
| 50以上 100未満 | 25 | 20 | 15 | 10 |

レベルⅠについては、図6-31に示すようにISOにおける道路、鉄道、航空機輸送の規定に近く、水上輸送の規定よりは低い。

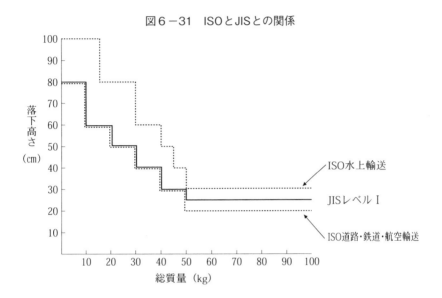

図6-31　ISOとJISとの関係

　この落下高さの区分については、この規格作成段階でもかなり議論されたようであり、物流環境の悪い地域へ輸出する場合には、レベルⅠ以上の試験条件を設定して試験を行う必要がある場合もある。

(2) 落下順序と落下回数

　落下試験における落下順序と落下回数については、段ボール箱の場合には表6-23に示す通りであるが、実際に行われている試験では、落下順序及び回数はかなりばらつきが多いという実情を考慮し、備考に示すようにりょう及び面の落下試験の一部を省略出来ることとし、また、順序についても当事者間の協定によって変更出来るとしている。

第6章　段ボール箱の包装設計

表6-23　直方体の落下順序と落下回数

| 落下の順序 | 落下の箇所 | | | | 回数 |
|---|---|---|---|---|---|
| 1 | 下面に接する角（かど） | 例 | 2 - 3 - 5 | 角 | 1 |
| 2 | 下面とつま面と接するりょう | 例 | 3 - 5 | りょう | 1 |
| 3 | 下面と側面と接するりょう | 例 | 2 - 3 | りょう | 1 |
| 4 | 側面とつま面と接するりょう | 例 | 2 - 5 | りょう | 1 |
| 4～10 | 6面すべて | | | | 6 |
| | 計 | | | | 10 |

備考1．包装貨物の種類によっては、りょう及び面の落下試験にの一部を省略することがで
きる。
　　2．受渡当事者間の協定によって、落下順序を変更することが出来る。
　　3．試験を行う角及びりょうについては、内容品の最も弱いとみられる角及びそれに接
するりょうを選定するものとする。

また、円筒形容器の場合は、表6-24に示す通りに決められている。

表6-24　円筒形容器の落下順序と落下回数

| 落下の順序 | 落下の箇所 | 回数 |
|---|---|---|
| 1 | 記号の6の角 | 1 |
| 2 | 記号の8の角 | 1 |
| 3 | 記号の2の角 | 1 |
| 4 | 記号の4の角 | 1 |
| 5 | 記号の5の角 | 1 |
| 6 | 記号の7の角 | 1 |
| 7 | 記号の1の角 | 1 |
| 8 | 記号の3の角 | 1 |
| | 計 | 8 |

備考：包装貨物の種類によっては、りょう及び面の落下試験の一部を省略することが出来る。

### 4.5.4　衝撃落下試験

　衝撃落下試験の落下順序と落下回数は表6-23及び表6-24を適用し、供
試品に加える衝突時の速度変化は、表6-25による。落下試験、例えば面落
下では落下面に対して、包装貨物の面の各部が同時に衝突することが重要であ
る。しかしながら、自由落下による方法では衝突時の面の姿勢を規定すること
は実際上困難であるため、設定時の水平度を2°以内と規定し、落下面に衝突

するときの水平度も2°以内が望ましいとしている。

表6-25　速度変化

| 総質量 kg | | 速度変化 m/s | | | |
|---|---|---|---|---|---|
| | | レベルⅠ | レベルⅡ | レベルⅢ | レベルⅣ |
| | 10未満 | 3.96 | 3.43 | 2.80 | 2.42 |
| 10以上 | 20未満 | 3.43 | 3.28 | 2.62 | 2.21 |
| 20以上 | 30未満 | 3.13 | 2.97 | 2.42 | 1.98 |
| 30以上 | 40未満 | 2.80 | 2.62 | 2.21 | 1.71 |
| 40以上 | 50未満 | 2.40 | 2.21 | 1.98 | 1.40 |
| 50以上 | 100未満 | 2.21 | 1.98 | 1.71 | 1.40 |

　この水平度が保持できないと衝突時の加速度が低くなり、ある例では水平度が2°外れることによって、加速度は8％低くなるという実験結果が得られている。

　この落下試験の精度、再現性を向上させ、試験を行う製品の易損度を正確に把握する試験方法として、衝撃試験機を使用した落下試験が行われるようになってきている。

　この衝撃試験機を使用することによって、例えば、供試品に加える衝撃の波形が作用時間3ms（3/1,000秒）以下の正弦半波というようにコントロールすることができ、再現性の高い試験が可能になる。

## 4.5.5　片支持りょう落下試験

　旧規格では、この試験対象を総質量100kg以上のものとしていたが、機械荷役、特にフォークリフト荷役の普及によって、100kg未満でも大型の貨物ではフォークリフト荷役を前提とした包装を行う場合があり、JIS改正によって50〜100kg未満の貨物について自由落下または片支持りょう落下を選択出来るようになった。

　この試験は、下面とつま面とに接するりょう（3〜5りょうまたは3〜6り

ょう）を高さ15cmの台の上に支持し、反対のりょう（3～6りょうまたは3～5りょう）を図6-32に示すように、表6-26の高さから各りょうについて2回ずつ計4回落下させる。

図6-32 供試品の支持状態

表6-26 落下高さ（片支持りょう落下）

| 総質量<br>kg | 落下高さ<br>cm ||||
|---|---|---|---|---|
| | レベルⅠ | レベルⅡ | レベルⅢ | レベルⅣ |
| 50以上　200未満 | 50 | 40 | 30 | 20 |
| 200以上　500未満 | 40 | 30 | 20 | 15 |
| 500以上　1000未満 | 30 | 20 | 15 | 10 |

落下衝撃を受ける落下面は、自由落下試験の場合と同様でなければならない。

# 第7章　段ボール包装システム

## 1　包装システム

　包装システムに触れる前に、システムの意味を明らかにしておく必要がある。

　一般にシステムとはどんな意味を持っているかを考えてみると、従来からシステムについてはいろいろな定義がなされているが、一般には「互いに関連している事柄の有機的なつながりの体系」をさす用語として用いられてきた。

　しかし、ここでいうシステムとは、さらに次にあげるような条件を満たしていなければならない。

　すなわち、

　(1) 各要素に共通な目的を持っていること。

　(2) その目的に対して全体を最適化しようとする意図のあること。

　(3) 構成要素の数が著しく多いこと。

　(4) システム全体のコストが巨大であること。

　(5) 複雑であること。

　以上を要約すると、システムとは、一つの目的に対して常に有機的なつながりを持っている事柄の体系を最適化し、その目的を達成するための技術と呼ぶことが出来る。

　従って、包装システムとは「商品の包装を最適化してゆくために、包装形態、包装材料、包装機械、包装工程を相互に有機的に結合させた体系」と定義づけることが出来る。

　そして、さらにその意義を拡大すると、物流流通システムのサブシステムとして、物的流通の現代化を促進し、物的流通コストの低減を図るものであり、狭義には、包装工程の省力システムとして、機械やロボットなどによって代替可能な仕事は、人力に頼らないで省力装置を導入することによって包装の作業能率を上げ、さらに包装の精度を上げ、不良品の発生をできるだけ抑えること

により、最終的には大きなコストダウンをめざすシステムであるべきである。

## 1.1　代表的な段ボール包装システム

　段ボール包装におけるシステムの構成は大別すると図7－1に示すように、まず段ボール箱を開いて組み立てるケース組立機 (Case opener) によって内容品を箱に入れやすいような状態に保持することに始まり、次に内容品を箱の中に自動的に詰め込むケース詰め機 (Case loader) によって詰め込まれ、最後にフラップを封緘するケース封緘機 (Case sealer) によって段ボール包装がすべて完了する。もちろん、包装システムとしては、これだけでは完全とはいえないわけであり、段ボール包装システムにおける前後の工程をどのように連結させるかということが最終的に重要な課題といえる。

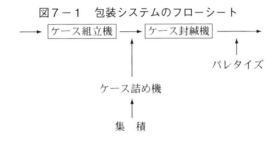

図7－1　包装システムのフローシート

　すなわち、生産されて連続的に流れてくるいろいろな種類の内容品をどのように集積していくかという、段ボール箱に詰める前工程との連結が極めて重要であり、さらに段ボール箱に詰められて封緘された段ボール箱をどのようにしてパレットに積み付けて仕分けしていくかということが問題であり、理想的な形としては、バーコードなどを使用した無人のラックビルシステムなどをあげることが出来る。
　ここでは、以下に段ボール包装システムについて、ごく代表的なものについて述べる。

## 2 段ボール箱組立機（Case opener）

外装箱としての代表的な段ボール箱、0201形箱がユーザーへ届けられるときの状態は、2つ折りにされているのが普通であり、内容品を詰めるには、必ず一度は箱を広げなければならない作業が必要である。

このように、使用時に段ボール箱を広げる工程を自動的に行う機械をケース組立機と呼んでいる。

ケース組立機は、詰める内容品の性状・大きさ・重さなどによって詰める方向が異なり、次の2種類がある。

水平式と垂直式とは、段ボール箱の供給される位置と流れる方向が異なるのは当然である。

以下、この2方式の特色について述べる。

### 2.1 水平式ケース組立機

水平式組立機は、図7-2に示すように段ボール箱を平面状に置き、積み上げられた段ボール箱を下部から1ケースずつ送り出して組み立ててゆく方式で、

図7-2　ケース組立機（水平式）

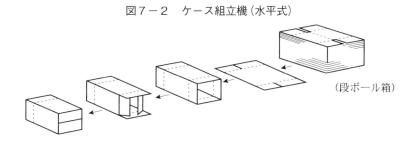

内容品は当然のことながら水平に段ボール箱の中に詰め込まれることになる。
　この形式は、内容品が比較的軽量の場合に多く使用され、ほとんど自動箱詰機が併用される。
　また、封緘には2つの方法が考えられるが、内容品を詰める前に片側のフラップを封緘しておいてから内容品を詰めて、最後に残っているフラップを封緘する方法と、内容品を詰めるまで両方のフラップとも封緘をしないでおき、内容品を詰め終わってから両側のフラップを同時に封緘する方法とがある。

## 2.2　垂直式ケース組立機

　垂直式ケース組立機は、図7-3に示すように段ボール箱を垂直に立てておき、一番前の箱から順次1箱ずつ送り出して組み立ててゆく方式であり、内容品の上にすっぽりかぶせるか、または、箱の底面を封緘しておいて、内容品を上から箱の中に入れるか、いずれかの詰め込み方式をとる。
　この形式は、内容品が比較的重くまた容積の大きい場合には、箱を内容品の上部からかぶせる方式が多く用いられるが、逆に底面を封緘しておいて上部から内容品を詰める方式が多用される。
　また、封緘には2つの方法があり、まず底面フラップのみを封緘しておけば、

図7-3　ケース組立機（垂直式）

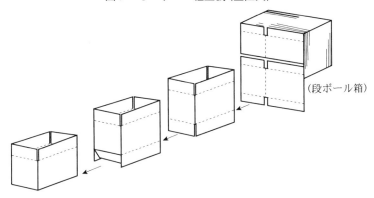

内容品を詰める方法は、手作業で詰めてもよいし、自動的に詰めてもよいので融通がきく。

次に、箱を組み立てた状態で内容品を入れた後に、天・地両面を同時に封緘してしまう方法とがある。

これらのケース組立機における段ボール箱のオープニング動作には、バキューム方式が多く用いられているので、段ボールの平滑性とライナの通気性が問題になる。

### 2.3 完全自動包装機 (Full auto caser)

完全自動包装機とは、全く人手を使わないで、それぞれの内容品の性質に応じた範囲で、望むような能力でパッケージ作業をするために、投資した金額に応じた能力を発揮することができるマシンであるといえる。

従って、完全自動包装機は図7-4に示すように、ケース組立機によって自動的に組み立てられた状態の段ボール箱の中に、1個または複数の内容品を自動的に挿入し自動的に封緘することによって、パッケージを完了させる一連の機械の流れを総称したものである。

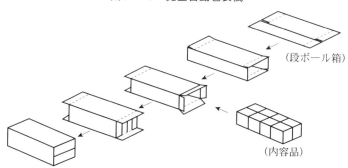

図7-4　完全自動包装機

完全自動包装機の包装スピードは、包装する内容品の条件によっていろいろな制約を受けるが、おもな条件をあげてみると次に示す通りである。

- 259 -

(1) 数量 (単体か、複数か)

(2) 形状 (詰めやすいか、詰めにくいか)

(3) 寸法 (小さいか、大きいか)

(4) 性質 (破損しやすいか、破損しにくいか)

(5) 附属 (あるか、ないか)

　一方、包装後の段ボール箱の強度という点から内容品と箱の内側との間隙を考えてみると、物的流通面からみて、内容品は可能な限り箱の内側にぴっちりと密着しているほど良いといえる。

　反面、パッケージ工程のみから考えると、内容品と箱とはできるだけ間隔がある方が詰めやすいし、詰め込むときに内容品または段ボール箱の破損は起きにくく、マシンのトラブルも起こりにくいという、両者は常に相反する機能を要求し合っているので、02形箱の段ボール箱の完全自動化は、スピードについてかなりの制約がつきまとうことになる。

　このような問題点を大きく改善したのがラップ・ラウンド包装機であるといえる。

## 2.4　ラップ・ラウンド包装機 (Wrap around caser)

　ラップ・ラウンド包装機は、すでに長い歴史を持つ02形の形式の特色をできるだけ生かして使用しようとする考えから、02形箱の中へ自動的に内容品を詰め込もうとして作り出されたマシンであるという表現をすることができるが、それが原因で、既述したようにパッケージングのスピードという厚い壁に突き当たり、いわゆるマスプロダクション方式には適合しないので、箱に詰めるという発想を、段ボールで包むという方式に発想を転換することによって完成されたユニークな方式であるといえる。

　現在、使用されているラップ・ラウンド包装機は、機能的に次の2つに分けられる。

```
ラップ・ラウンド包装 ┬ 完全自動型
                    └ 半 自 動 型
```

## 2.4.1 完全自動型ラップ・ラウンド包装機

　ラップ・ラウンド包装機の機構は、図7-5に示す通りであり、このマシンの主な特色をあげると次の通りである。

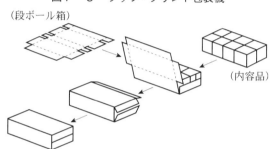

図7-5　ラップ・ラウンド包装機

（1）箱はシート状でユーザーへ届けられる。
（2）ホットメルト接着剤を使用するので瞬間的に接着ができ、パッケージングのスピードが速くなる。
（3）フラップが幅面になるので段ボールの使用面積が少なくて済み、コストダウンができる。
（4）内容品と箱の間隙が02形箱に比較すると少なく、タイトな仕上がりになるので流通上非常に良い。

　また、逆にこの形式の欠陥もあるので、以下にあげてみる。

（1）箱の構造上、02形箱よりも箱の圧縮強さが若干弱くなる

　完全自動型のラップ・ラウンド包装機の開発に大きな役割を果たしたのは、一つには包装デザインのユニークな創造であり、今一つはホットメルトというすばらしい接着剤の開発によるところが極めて大きいといえる。

従って、既述した欠陥とはいえないまでも、箱の寸法のバランス、特に深さについてはある種の制約を受けることになる。
　一般に、高さが低い箱ほどメリットが大きいと考えてよい。
　また、マシンスピードが速いので、少品種大量生産方式のパッケージングに最適であるが、多品種少量生産のパッケージングには相応しくない。
　このような不満を解消するために、完全自動型ラップ・ラウンド包装機の機構の一部分を人力に置き換えることによって、少量生産方式にも応じられるように考えて作られたのが半手動式のラップ・ラウンド包装機である。

## 2.4.2　半自動型ラップ・ラウンド包装機

　半自動型のラップ・ラウンド包装機の機構は図7-6に示す通りであり、箱の形式はもちろん同一のものを用い、完全自動型との差は、ケースまたは内容品の供給を人手によって行い、それ以後の組み立て、糊付け作業については、ボタン操作によって自動的に行われる。

図7-6　手動式のラップ・ラウンド包装機

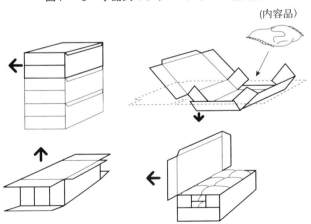

　このような機構で包装されるので、マシンスピードは非常に遅く、毎分4～

5ケース程度であるが、マシンコストが安いので多品種少量生産の商品のパッケージには適しており、従来の少品種大量生産のみに有効であるという概念を破り、内容品が超軽量であれば、少量生産の商品にも極めて有効であるという新天地を開拓することになった。

## 3 段ボール箱の封緘（Sealing）

段ボール箱に内容品を詰めると必ず封緘が必要となる。

封緘は、箱の形式、数量、スピードなどによっていくつかの方法があるが、ここでは、0201形箱の封緘方法及び封緘材について述べる。

わが国では、段ボール箱の封緘に関する規定はないので、欧米で規定されている封緘方法を中心に述べる。

### 3.1 封緘材及び封緘機

段ボール箱の封緘用に用いられる材料及びマシンは、次に示す3種類である。

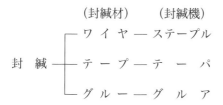

以下に、それらの封緘の特色について述べる。

### 3.1.1 ワイヤ封緘（Wire sealing）

ワイヤは、鋼線を一定の厚さと幅に延伸して、錆止め加工をして作られ、それを物理的に折り曲げて封緘を行うが、そのメカニズムも単純であり多様化されている。

ワイヤには、次に示す2種類があり、おのずから使用目的も異なる。

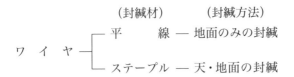

両者の特色について以下に示す。

(1) 平線（底止め）(Wire)

　最初に封緘用としてワイヤが用いられたのは、底止め機と呼ばれる特殊なマシンで0201形箱の地面フラップを封緘していたが、その時に使用されていたワイヤは、4.6.1に既述した箱の接合用に使われる平線と同一のものであり、内容品を詰めて天面の封緘はできないという不便さがあり、最近では、ほとんど使用されていない。

(2) ステープル (Staple)

　ステープルは、平線止めの欠陥を改善して開発された封緘法で、ボクサと呼ばれる封緘機で天・地面を封緘出来る。

　ステープルは、図7-7に示す2種類があり、使用目的に応じて選定される。

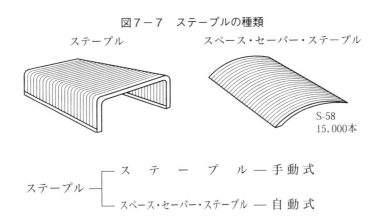

図7-7　ステープルの種類

小ロットの封緘には、手動式のボクサを用いてコの字型に成型されたステープルをスプリング方式でフラップに押し込んで封緘するバッチ方式であるが、高速で長時間稼働できる平板状に巻き取られたスペース・セーバー・ステープルが開発され封緘機能の著しい向上が計られた。

　ボクサの基本的な封緘メカニズムは、図7－8に示すように、ステープルを段ボールに押し込みながらボクサの爪で、ステープルの両先端を内側へ折り曲げてしっかりと固定するようなメカニズムで行われる。ステープルによる封緘は、ステープルを折り曲げる働きをする爪が段ボール箱の表面を傷つけるので、見苦しくなるのが欠陥となる。

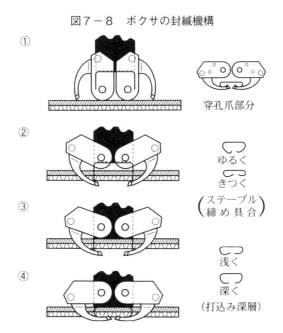

図7－8　ボクサの封緘機構

　次に、ステープルの打ち方の基本的なパターンについては、図7－9に示す通りであり、内容品の特性に応じて選定すればよい。

図7-9　ボクサによる封緘方法

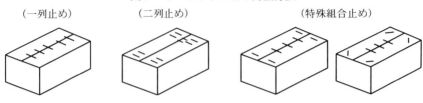

(一列止め)　　　(二列止め)　　　　　(特殊組合止め)

ちなみに、欧米で規定されているステープルの打ち方を図7-10に示す。

図7-10　ボクサの基本的な封緘

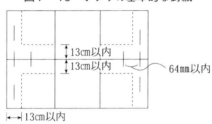

記1-ロックウェルのB-90以上の硬さのスティプルまたはスティッチを使用。
・点線内に打つようにする。突き合せ部をまたがなくとも良い。
・オーバーフラップの場合は、幅積に平行に打ち、5インチ (12.7mm) 以内の間隔で全長さにわたって打ち込む。

　封緘強度については、打ち方にもよるが、一般的には、ステープルの使用数に応じて強くなると考えればよい。
　また、ステープル封緘を行った段ボール箱のリサイクリングにおいては、古紙パルプとして再生する場合に比重が大きいので簡単に分離できるので問題はない。

## 3.1.2　テープ封緘 (Tape sealing)

　テープは、紙及び布を基材とし、それらの基材の片面に各種の接着剤を塗布しておき、段ボール箱の表面と基材を接着させて封緘を行う方法である。
　従って、使用する基材と接着剤とのいろいろな組合せによって封緘機能が異

表7−1　テープの種類

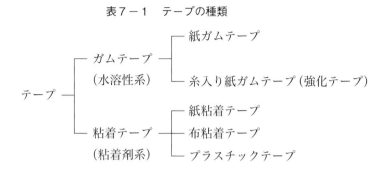

　両者の特色について以下に示す。
(1) ガムテープ (Gummed tape)
　ガムテープは、基材にクラフト紙、布を主体とし、片面に水溶性の接着剤を塗布し、乾燥させ、一定の幅に裁断して巻取ったものである。紙ガムテープの品質は、JIS Z 1511「紙ガムテープ」に、布ガムテープは、JIS Z 1512「布ガムテープ」にそれぞれの品質が規定されている。
　ガムテープを使用する場合には、水で接着剤の塗布してある面をよく溶かして段ボール箱の天地面に貼付し、多少の圧力を加えることによって接着効果を発揮させて封緘を行うことである。封緘のポイントは、接着剤の溶解であるから冬場に水温が低下した場合には、接着剤の溶解性が低下するので加温が必要である。
(2) 粘着テープ (Cohesive tape)
　粘着テープは、ガムテープのように水を使わなくても接着できるので、特殊な接着剤を基材の片面に塗布して一定の幅に裁断して巻取ったもので、基材の裏面には離型剤が塗布してあるのが特徴である。粘着テープの品質は、JIS Z 1523「紙粘着テープ」に定められている。
　次に、テープの貼り方の基本的なパターンについては、図7−11に示す通りであるが、I字貼りまたは、H字貼りが多用されている。

図7-11 テープによる封緘方法

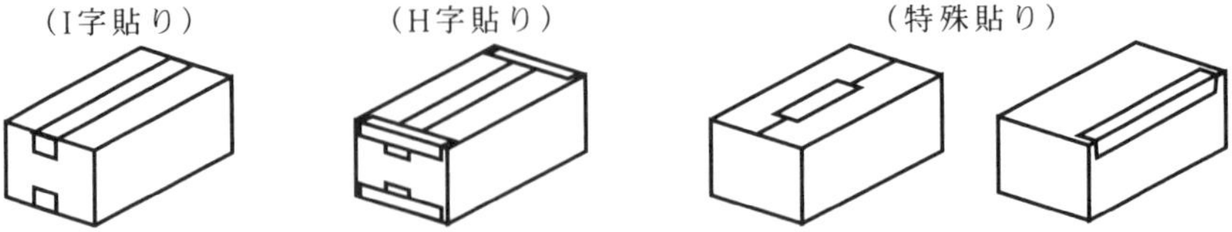

(I字貼り)  (H字貼り)  (特殊貼り)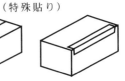

　ちなみに、欧米で規定されているH字貼りの順序を図7-12に示すが、テープの折り曲げ長さを64mm以上と規定しており、I字貼りには、強化テープを使用するように規定している。

図7-12 テープ封緘の順序

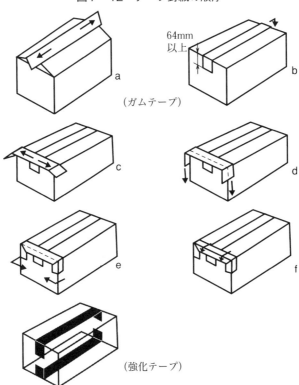

第7章　段ボール包装システム

　テープ封緘の特色は、完全に段ボール箱を密封できるので、ゴミや虫などの
侵入を防ぐことができることである。また、テープ封緘を行った段ボール箱の
リサイクリングにおいては、ガムテープはほとんど問題はないが、粘着テープ
については、ゴム系のラテックスが用いられているので抄紙上問題がある。

### 3.1.3　グルー封緘 (Glue sealing)

　グルーが封緘材として用いられた歴史は古く、強度が強く安定している。特
に、最近における接着剤の開発はめざましく、段ボール包装のシステム化に大
きく貢献してきた。

　封緘用グルーとしている主流は、次のように大別される。

```
グ ル ー ┬── コ ー ル ド グ ル ー
         └── ホ ッ ト メ ル ト 接 着 剤
```

　両者の特色について以下に述べる。

### (1) コールドグルー (Cold glue)

　封緘用として使われるコールドグルーの種類は多く、過去においては、天然
系、半天然系のものが多かったが、自動封緘機の発達に伴いスピードについて
ゆけず、次第に合成樹脂系へと変わってきた。現在の主流は、酢酸ビニール系
エマルジョンが主体であるので、以下にその概要を述べる。

　酢酸ビニールモノマーは、過硫酸カリをラジカル触媒として加え、70〜80
℃で加熱攪拌すると、重合して無色透明な酢酸ビニールポリマーになり、それ
を乳化したものが接着剤として使用される。

　性能は、固形分が45〜55%、粘度は1,000〜2,000mPa・S近辺のものが主
流である。

　使用法としては、ノズル型アプリケーターの場合は、比較的低粘度の原液を
ビード上に塗布する。スプレ塗布の場合は、水を加え数100mPa・Sの粘度に

- 269 -

落として使用する。

　一般に、接着剤の塗布量を少なくするとセッティングが速まる。

　オープンタイムは、5〜10分以内で貼合しないと接着しない。セッティングの目安は、クラフト系で10〜15秒であり、含水率が高いと遅れる。

　撥水加工段ボール箱には、特殊なタイプのものが必要である。ちなみに、欧米で規定されている接着面積は、図7-13に示すようにフラップの重なる面積の50％以上を必要とする。酢ビエマルジョン封緘の特色は、コーティングマシンに合わせて粘度と濃度を自由に変えることができ、コーティングマシンが比較的安く、封緘強度が強力で、コストが安い。

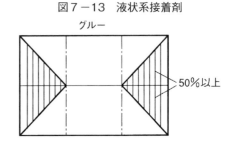

図7-13　液状系接着剤

(2) ホットメルト接着剤（Hot melt adhesive）

　ホットメルト接着剤は、エチレンと酢酸ビニールの共重合体であるEVAを主成分として、ワックス、酸化防止剤を添加して加熱溶融して作られる。

　使用法としては、ノズル形では、700〜1,000mPa・Sの中粘度が望ましいが、セッティングが遅くなるので、1,200〜1,500mPa・Sの中粘度でセッティングの速いものが用いられる。塗布量は、ノズル形アプリケータで2〜4条を線状に塗布し、その塗布量は、線1本のメートル当たりの重量で表すと、1〜5g/m位が普通である。

　オープンタイムは、温度と塗布量によって異なるが、一般的には5秒以内である。

　また、セッティングは1〜2秒位が一般的であるが、諸条件によって異なるので注意する必要がある。

　ホットメルトによる接着剤の塗布技術には、次の2つに大別される。

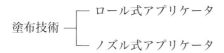

両者について、それぞれの特色を述べる。

① ロール式アプリケータ

図7-14のAに示すように、180～200℃に加熱できる糊つぼと、塗布ロールとドクターを備えている。また、Bは複数の塗布が同時にできるようなローラーアプリケータを備えているが、これらは開放式であるために接着剤が空気に触れて変質しやすいので、図7-15に示すように右側の密閉式供給アプリケータから左側の塗布ロールまで、適量のホットメルト接着剤を保温ケースで供給できるシステムもある。

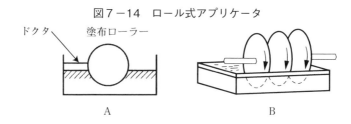

図7-14　ロール式アプリケータ

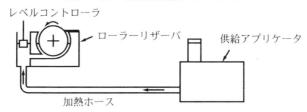

図7-15　密閉式供給アプリケータ

② ノズル式アプリケータ

図7-16には、ホッパ中でホットメルトを溶解し、保温ホースでノズルの

先端までポンプで供給して塗布するノズル式アプリケータのメカニズムの断面図を示す。

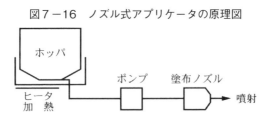

図7-16　ノズル式アプリケータの原理図

図7-17には、各種ノズルの形状を示したが、これらのノズルは、それぞれの使用目的によって使い分けられる。

また、図7-18には、2つのノズルに4個ずつの小孔があるタイプを使用して、段ボール箱のフラップに同時に8条のビードが塗布できる封緘用アプリケータの一例を紹介した。ちなみに、欧米で規定されているホットメルト接着剤の塗布条件を図7-19に示す。

ホットメルト接着剤による封緘の特色は、接着剤が全く水分を含まず、冷却によりセッティングが1〜3秒で完了するので、マシンの圧縮部分が短くてすむのでコンパクトで済み、撥水加工段ボールでも接着が出来る。

図7-17　ノズルの形状

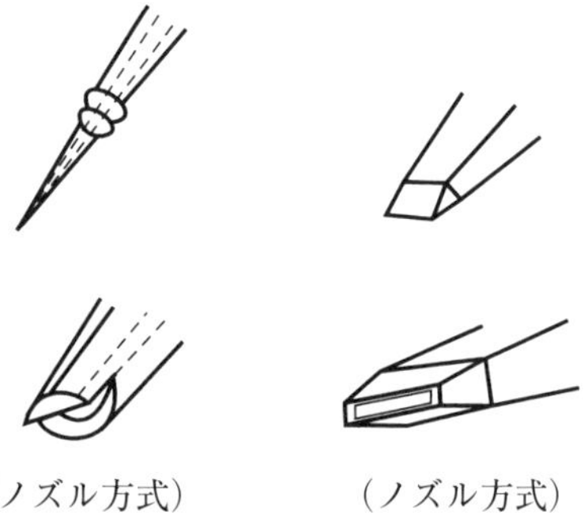

（ノズル方式）　　（ノズル方式）

図7-18　多条同時塗布ノズル

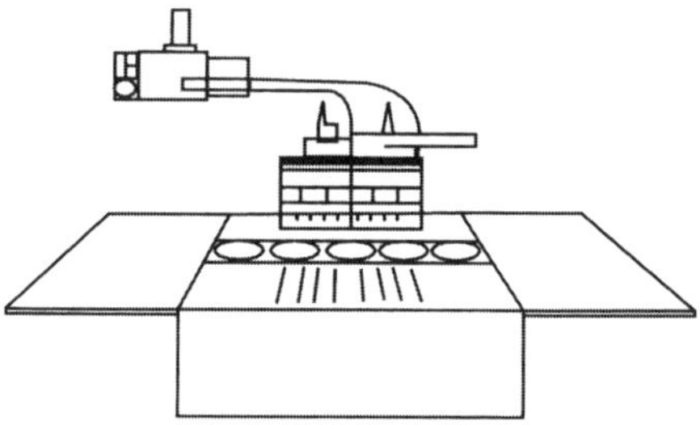

反面、段ボール箱のリサイクリングにおいては、ホットメルト接着剤が凝集して抄紙工程を阻害する要因になる。

図7-19　ホットメルト塗布条件

・オーバーフラップの場合は、13mm以内の所に全長さにわたって2条。

一般に、複両面段ボールや高品質の両面段ボールを使用して作った箱は、フラップ部分の反発が強いために液状系の接着剤では封緘が難しく、接着不良や外フラップの突き合せ部分がズレた状態で封緘が行われてしまうというようなトラブルを起こすことがある。

このような場合には、初期接着性の速いホットメルト接着剤を用いるか、図7-20に示すようにホットメルトと液状系の接着剤を併用するのが賢明である。

図7-20　接着剤による封緘方法

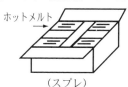

（ロールまたはスプレ）　　（スプレ）　　（ロールとスプレの併用）

次に、接着剤を使用して封緘した段ボール箱の使用後のリサイクリングについて考えてみると、種類が多いのでかなりの相違はあるが、その中でも特にホットメルト系およびゴム系のエマルジョンなどは、リサイクリングにより抄紙工程に混入して累積するとライナの地合いを害なう原因になるし、さらにそれらの小片が分散して原紙の内部に抄き込まれるために、段ボールの貼合工程において加熱され段ボールの表面に斑点状になってにじみ出るので、段ボールの外観を悪くすることになる。

## 4 封緘方法と封緘強さ

　封緘部分の強さは、使用する段ボールの品質、箱のタテとヨコの寸法のバランス、内容品の種類および封緘の方法や条件などによって多少の差が生ずるが、実用上重要な要因である。

### 4.1 封緘強さの測定方法

　封緘部の可否を確認する測定方法については、まだ規格化されたものはない。

　その理由として考えられることは、既述したように条件設定が複雑であるからである。

　実用上を想定した試験方法の一例について以下に示す。

　この試験は、0201形箱の底部の封緘強さ、すなわち底抜けの静的な強度試験といえる。

　試験方法は、図7−21に示すように試験しようとする箱に寸法を合わせた木製の強固な枠を作り、高さは少なくとも10cm以上段ボールの深さよりも高くしておき、なお全面の長さ面のみ試験の状態がよく観察できるように下部を解放しておくことが必要である。

図7−21　段ボール箱の封緘試験

（木　製　枠）　　　　　　　　（試験状態断面図）

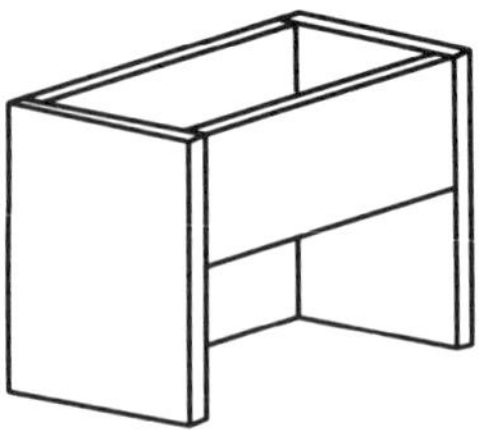

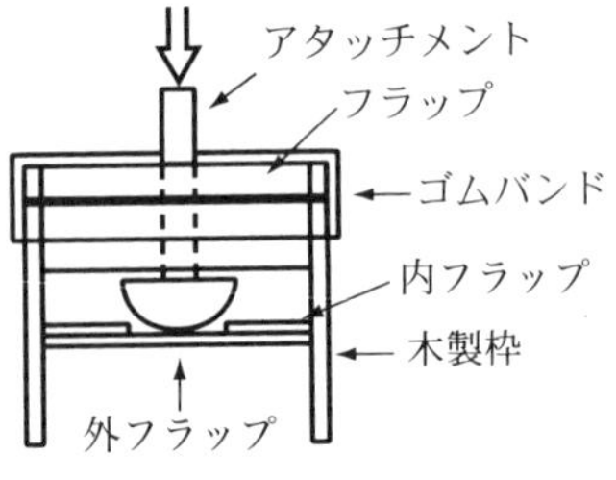

　この木製枠に試験しようとする段ボール箱をセットし、天フラップを木製枠

の外側に折り曲げてゴムバンドで強く締めつければ準備はすべて完了することになる。

底面の中心部に図7-21に示したような形をした木製のアタッチメントを置き、圧縮試験機で荷重をかけてゆくと、箱の底面は、外フラップの突き合せ部分が次第にふくらみをみせた後、内フラップと分離して底抜け現象を起こすことによって試験は終了することになる。

### 4.2　封緘方法とその強度比較

既述したように段ボール箱の封緘部分の強さは、使用する段ボールの材質、段ボール箱の寸法、特に長さと幅の割合、封緘の方法によって差があるが、段ボールの材質と箱の寸法を一定にしておき、封緘方法だけをいろいろ変えて封緘部の強度を測定して、それぞれの封緘材の比較をした結果を以下に示す。

(1) 段ボール箱の寸法：360×300×250mm
(2) 段ボールの種類：B-220×SCP-125×B-220
(3) 試験方法：4-1に示した方法による
(4) 試験結果：図7-22に示す

この試験結果から、封緘材の果たす役割について推測してみると、実際に必要な強度としては、中に詰めた内容物が流通過程で段ボール箱の底が抜けて外に飛び出してこないということが必要である。

従って、上記仕様の段ボール箱であれば、内容品質量が25kgまでであればどんな封緘方法でも安全であると推測することが出来る。

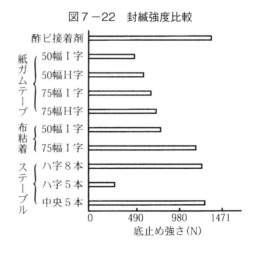

図7-22　封緘強度比較

また、封緘材とその使用方法については、次のような特徴を持つと考えて使用すればよい。

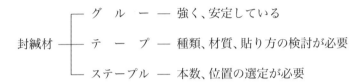

### 4.2.1 適正封緘強さの推進

今までの0201形箱の封緘は、実用に当たって底抜けが発生しないようにしっかりと行われてきたので、前述した3種類の封緘材を使用しても実用上問題なく、その役割を果たしてきた。

しかし、現実は箱が消費者に届き蓋を開けようとすると、ボクサの場合はドライバーやペンチを必要とするくらい強力であり、テープの場合は粘着性が強く簡単に剥がしにくくカッターナイフで切り開くのでテープはそのまま残っていることが多い状況であり、接着剤はホットメルトが多用されているが少し使用量が多い傾向にあるため開封に大きな力を必用とするなど、全体的に少しオーバー封緘の状況にあるように思われる。

最近の荷扱いは改善され、家庭に届く段ボール箱は非常に良好な状態で届けられているので、この辺で封緘の適正化を検討してみてはいかがかと思考する。

適正化の狙いは、内容商品により多少の差はあると思うが抽象的な表現をすれば、女性や子供でも容易に開封できる程度ということになる。

この適正化が進めば、ユーザーの包装のコストダウンが図れるし、段ボール箱の回収率の高いわが国の原紙のリサイクリングにも好影響を及ぼすことは間違いない。

### 4.3 封緘材の実用コスト計算法

0201形箱の封緘を正しく行った場合の原価計算方法について図7-23に示す。

第7章　段ボール包装システム

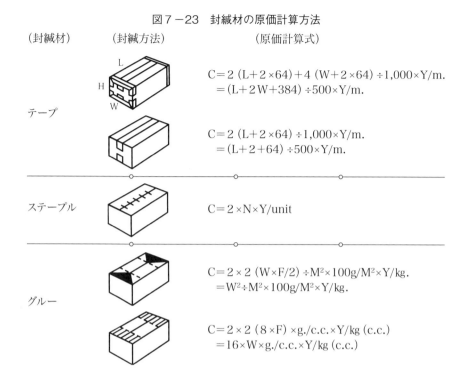

図7－23　封緘材の原価計算方法

## 5　封緘のシステム化

　段ボール包装のシステム化は封緘のシステム化に始まると考えられ、また、どんな種類の形式の段ボール箱を用いても必要な工程であるためにその果たす役割も重要視しなければならない。
　従って、どんな封緘方式を選ぶかということが重要であり、封緘方式によってマシンの設置面積、封緘性能および設備投資金額も違ってくる。

### 5．1　封緘システムの代表的パターン
　封緘システムの代表的なパターンについて次に詳述する。

## 5.1.1　ステープル封緘システム

　ステープルによる封緘は最も手軽な方法であり、その基本的なパターンについては、図7-24に示すように、送り込み部から送り込まれた段ボール箱は普通、まず内フラップが内側に折り曲げられ、その次に外フラップが内側に折り曲げられると、そのままの状態を保持しながら封緘部へと送られ、そこで天面のみまたは天地両面が、所定の間隔を保ちながら自動的に直線的に封緘されていく仕組みになっている。

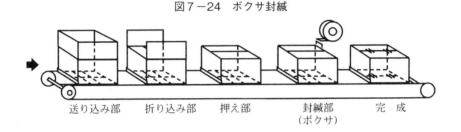

図7-24　ボクサ封緘

## 5.1.2　テープ封緘システム

　テープを封緘材として用いる場合には、手作業によって行われることが多いが、最近では種々の自動封緘機が開発されテーパーと呼ばれ用いられている。
　テーパーの基本的なシステムについては、図7-25に示すように、送り込み部から送り込まれた段ボール箱は、内フラップと外フラップとが次々に内側に折り込まれてゆき、その状態を保持しながら封緘部でテープが貼られていく仕組みになっている。

第7章 段ボール包装システム

図7-25 テープ封緘

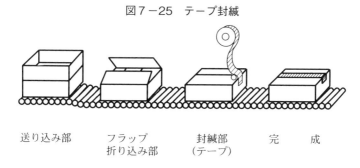

送り込み部　　フラップ　　　封緘部　　完　成
　　　　　　折り込み部　　（テープ）

　H字貼りの場合には、さらに段ボール箱の流れ方向を直角に変化させて、幅稜が両側同時に封緘される。
　テープ封緘の機能については、若干の時間を必要とし、特にH字封緘においては箱の方向を90度転換しなければならないために、マシン構造が複雑で大型になるという傾向がある。
　また、水溶性のガムテープを使用する場合には、接着が完了するまでに若干の時間を必要とするので、複両面段ボールや高品質の両面段ボールを使用するとフラップの反発力が強いので接着不良を起こすこともあるので、注意する必要がある。
　テープの強度については、必要条件を満足するような品質のテープを選定すれば充分に目的を達成することができるので心配はいらない。

## 5.1.3　グルー封緘システム

　グルーを用いた封緘方法は歴史も古く、また強度面でも強くしかも安定しており、特に最近では自動包装機のスピードアップに伴い初期セットの早いホットメルト系の接着剤が注目を集め、多用される傾向にある。
　グルーを封緘材として用いる場合には、手作業による封緘は、最も原始的なハケ塗り方式にまで遡るが、自動包装機においては、ロール塗布やスプレー方式、または両者のコンビネーション方式などが用いられる。

グルアの基本的なシステムについては、図7-26に示すように、まず内フラップを内側に折り曲げた状態で内フラップに糊付けをする方法と、外フラップを外側に開いて糊付けをする方法とがあるが、いずれかの方法で糊付けされた段ボール箱は、外フラップが内側に折り曲げられて押さえ部分を使うする場合に、グルーが付着することによって封緘が行われる。

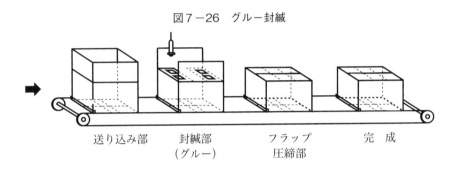

図7-26　グルー封緘

送り込み部　　封緘部　　フラップ　　完　成
　　　　　　（グルー）　圧締部

　従って、グルアの性能は、セットの早い接着剤を使うほど押さえ部分が短くてすむことになる。
　ホットメルト系の接着剤であれば、わずか1～2秒で接着が完了するので、自動包装機の高速化、小型化が可能であるが、水溶液系の接着剤であると、一般に30秒くらいの圧締時間が必要であり、マシンはどうしても大型なものになる傾向がある。

## 5.2　封緘方法と封緘性能

　段ボール箱の封緘システムには、どんな封緘方式を採用するかによって封緘強度、性能、コストにも差が生じる。
　封緘システムに対する設備投資額によって差はあるが、一般的に封緘方法による封緘性能を比較してみると、図7-27に示すごとくである。

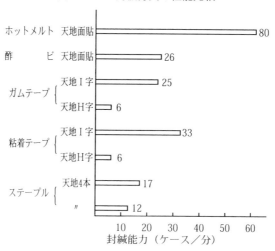

図7-27 封緘方式の性能比較

　従って、どんな封緘方法を採用すべきかを決定する場合には、一般に次にあげるような点を考慮しておくべきである。
　(1) 内容品の特徴は何かをよく認識する。
　(2) 内容品の質量を確認する。
　(3) 使用する段ボールの品質とけい線強さの規格化。
　(4) 手作業か、自動包装機を採用するか。
　　自動包装機を採用する場合には、
　(1) マシンの能力
　(2) マシンコストと封緘材料のコストと人件費削減などから、トータルコストを算出することが必要である。
　(3) 使用後の段ボール箱のリサイクリング性においても充分な配慮をする。
　包装のシステム化における封緘システムの果たす役割は今後ますます重要であり、もしも封緘機の選択を誤ると大変な結果になることが考えられるので、注意しなければならない。

# 6 段ボール包装システム導入におけるキーポイント

段ボール包装をシステム化するには、その規模に応じた資金を投資するのは必然であり、その投資額の多少にかかわらず、必ずそれ以上の効果をあげなければならないのも当然である。

また、最近における包装システムに関する各種の装置やマシンの改善、開発はめざましい情報があるので、一度設置した装置やマシンに満足することなく、常に新しいものに目を向け、適切な時期に入れ替えや、全面的なやり直しを決断するのが賢明であると考える。

それでは、段ボール包装システムの導入にあたっての初歩的な注意事項について以下に述べる。

## 6.1 段ボール箱の品質決定の基本

どんな特性を持った商品を包装するか、そして物流実態が正確に把握されていれば、その結果、当然使用する段ボールの種類、品質が決まり、箱の形式が決まることは既述した通りである。

このように、包装する内容品の特性によって使用すべき段ボール箱の基本的な諸物性も決まってくるが、ここで注意すべき点は、使用する段ボールの段の成型状態と、けい線の入れ方の強弱および各ロット間のバラツキは、最も重大なチェックポイントであるといえる。

けい線問題については別項にて後述するので、ここでは段の成型状態と平面圧縮強さと、自動包装機におけるトラブルの発生原因についての基本的な考え方を述べる。

段成型が不完全であれば、当然の結果として構造体としての機能を発揮することが難しくなり、その結果、段ボールの厚さが薄くなり、平面圧縮強さが低下してくる。

そして、それが原因となって自動包装機におけるトラブルが発生することになるが、たとえば、給紙部に積み上げた段ボールの量の多少によって最下部の

段ボールにかかる荷重が変化するために、平面圧縮強さが弱い段ボールの場合はその影響を受けやすく、段ボールの厚さが薄くなるのでキッカートラブル発生の原因になりやすい。

さらに、この欠陥は、間接的にはけい線が入れにくくなるので、けい線強さのバラツキが大きくなり、結果的には、箱の寸法精度が出にくくなる可能性が大きくなる。

それゆえに、自動包装機の導入にあたっては、所定の品質を持った段ボールがいつも安定した状態で納入できるかどうかということを、充分に確認したうえで決定することが重要である。

### 6.2 段ボール箱の寸法誤差

段ボール包装システム化にあたっては、常に安定した精度の高い寸法の段ボール箱が製造され、ユーザーに納入されるということが第一条件でなければならない。

しかし、実際にはいろいろ難しい問題があり、特に構造体としての段ボールの厚さと、紙の宿命ともいえる水分に対する挙動によって生じる段ボールの伸縮を避けることは難しいので、この特徴を充分に考慮したうえでシステムの仕様を決めるのが賢明である。

以下に、段ボール箱の寸法誤差についての考え方について述べる。

### 6.2.1 JISの許容範囲

JIS Z 1506「外装用段ボール箱」では、段ボール箱の寸法はいずれも内のり寸法をもって示すこととし、寸法の許容範囲は、次のように絶対値で規定している。

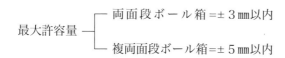

また、特定の内容品を包装する場合の取り決めについては、次のように明示している。

ただし、特定内容品であって箱とのカン合度を特に必要とするものについては、その寸法範囲は当事者間の協定による。

今後、箱の寸法精度は一層厳しさが要求されるに違いない。

## 6.3 メジャーの選定

いかに段ボール箱の寸法精度範囲を厳密に規定しても、その測定に使用するメジャーが信頼できないものを使用すれば全く意味がなくなる。

そこで、それでは特に信頼できるメジャーとは、どんなものを用いればよいかということになるが、一般には、度量衡検定マークの刻印のあるものか、JISマーク1級製品のメジャーを用いなければならない。

また、社内的に統一したものを用いる必要があることはいうまでもないことである。

## 6.4 寸法測定に必要な特殊測定治具

既述したように、段ボール箱の寸法は内のり寸法をもって示すことになっているので、段ボールメーカーは、必ずできあがった箱を組み立てて箱の内側の寸法を測定して、間違いがないかどうかを確認しなければならない。

しかし、内容品が入っていない状態で内のり寸法を測定するために非常に測りにくいので、寸法の読み違いが起きやすい。

従って、JISには、特殊な固定治具を用いて段ボール箱を安定させておいて寸法を測定するように規定している。

図7-28に示すように治具によって箱を固定し、必ず箱の角が直角になるようにしておいて測定しなければならない。

また、箱の深さの測定は、外フラップを広げて、内フラップ上下2枚のみを折り曲げて、それぞれ直角を保った状態で測定する。

図7-28　内のり寸法測定用治具と測定方法

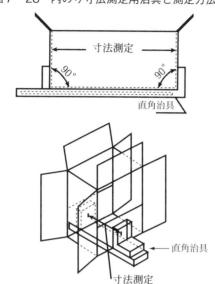

## 6.5　けい線の果たす役割とその管理技法

　段ボールにけい線を入れなければ箱にすることはできないわけであるが、その際使用するけい線の種類、形状、入れ具合などによって段ボール箱としての外観、強度などもかなり差がでるし、自動包装機にかけた場合に段ボール箱としての優劣がはっきり現れる結果になる。

　段ボール箱のけい線については、すでに既述しているので、ここではシステム化におけるけい線の持つ意味とその重要性について触れる。

　自動包装機にもいろいろな種類、形式、性能に差があるが、その中でけい線の入れ方の良し悪しはマシンの性能を大きく左右するといえる。

　特に、高速マシンほどその影響を大きく受けるものと考える。

　従って、段ボールメーカーとユーザーは共によく話し合い、それぞれのマシンに適合したけい線の条件を決定し、その条件を常に満足したけい線を入れるような工程管理をしなければならない。

### 6.5.1 けい線強さ測定機

段ボール箱をユーザーの自動包装機にかけて最適の状態で稼働できるけい線の状態が確認できれば、そのときにおけるけい線の単位長さ当たりの強度を測定し、段ボールメーカーは、段ボール箱製造時に常にその範囲に納まるような科学的な工程管理を行わなければならない。

段ボール箱のけい線強さ測定機の構造は図7-29に示す通りであり、図7-30に示すような一定のサイズに切断した試験片のけい線の入っている部分を固定部に向けてレバーを押し上げて差し込んで固定する。

次に、下降用の始動ボタンを押せば測定が開始され、毎分300mmの速度で荷重が加えられてゆき、それに平行してバネでつり下げてある指示目盛りに付けられてある指針が移動し、けい線部に最大荷重がかかると座屈するので、もはや指示目盛りには荷重がかからなくなり、指針の動きは停止してしまう、その点をけい線の強さとする。

このようにして段ボールメーカーはけい線の強さを測定することができるので、それぞれの自動包装機の機構に合ったけい線の強さをある一定の範囲で規格化しておき、その範囲内に納まるように箱を作る工程の中でけい線強さを管理していけば、ユーザーは安心して自動包装機にかけることが出来る。

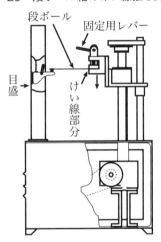

図7-29 段ボール箱のけい線強さ測定機

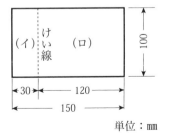

図7-30 けい線測定用サンプル

単位：mm

## 6.6 段ボール包装システム導入のキーポイント

段ボール包装のシステム化についての基本的な事項は既述したが、導入の過程の中で留意すべきいくつかの重要なポイントについて述べる。

段ボール包装を形成している基本は、包材費、人件費と包装費の3つの関係がどうなるかということと、パッケージの生産性である。

この三者の中で最も留意しなければならないのは人件費である。

人件費の高騰とパッケージの能力との関係をよく眺めてシステム化を図るべきであり、目を将来に開いて計画すべき未来志向型のテーマであるといえる。

それでは、現状の包装と自動包装機を導入する場合の仕組みについて解析してみると、次のような基本論を作りあげることが出来る。

### 6.6.1 一般の包装費

一般に、包装費は使用した包装材料費と包装作業をした人件費とから成り、次のような式で表すことが出来る。

$$\text{包 装 費} = \text{包装材料費} + \text{人件費} = T_1$$

nを包装作業に必要な人員とし、これをさらにくわしく分解してみると、

$$\text{包装費／年} = \text{包装材料費／年} + n \times \text{人件費／年}$$

ここで、工場の生産量が2倍に増えたとすれば包装量も当然2倍となり、人間も2倍に増やすか、包装時間を延長しなければ間に合わなくなる。

こんな場合に、効率の良いしかもスマートな包装作業を確立するためにはどうしたらよいかという問題が発生するのは当然である。

要するに、単位時間当たりの作業効率を上げるための詳細な検討が行われる。

そこで、包装材料費の単価が不変であれば、2倍の人間を必要する費用と、システム化によって減少することができる人件費と、システム化による設備投資とのバランスの問題になる。

従って、システム化導入のおおよその指針は、

$$2n×人件費／年 ＞（2n–X）（人件費／年）＋ 設備費／年$$

となる。ただし、Xは減員数とする。

もちろん、設備費／年の中には、償却費、金利、固定資産税、動力費、維持費などが含まれることはいうまでもないことである。

## 6.6.2 システム化による包装費

従って、システム化による包装費というものの基本的な考え方は、次の式で表すことが出来る。

$$\boxed{包装費／システム化} ＝ \boxed{機械減価償却費} ＋ \boxed{金利} ＋ \boxed{固定資産税}$$
$$＋ \boxed{動力費} ＋ \boxed{維持費} ＋ \boxed{包材費} ＋ \boxed{人件費}$$
$$＝ T_2$$

これらの項目について年間にかかる費用に直す場合は、次のように考えるのが普通である。

　上式の内で、システム化の導入をする場合の最大のポイントは、人件費をどこまで減少させる見込みがあるかということであるが、さらに、包材費を減らせないかということも必ず検討しなければならない。

　たとえば、箱の形式や材質のチェックをすることが必要であり、0201形からラップ・ラウンド形式への転換などに多くの成功実績がみられる。

　従って、段ボール包装においてシステム化を図る一つの指針としては、同量のパッケージ作業をする場合に包装量が、T１＞T２という関連を確認したうえで意思決定すべきであり、時間的には早ければ早いほどよいのはいうまでもないことである。

## 6.6.3　システム化によるメリット分岐点

　システム化をすることによってメリットが生じるのはどの時点で出現するか、包材費が一定である場合に、人件費差額と設備費分岐点について計算によって求めてみる。

　　　　$T_1$＝設備投資をしない場合の年間の人件費

　　　　$T_2$＝設備投資額＋年間の人件費

とすると、次に式が成立する。

　　　　$T_1 = n \times M_1$

$T_2 = S + n \times M_2$

ここに、

　　M₁＝設備投資しない場合の1年間の人件費

　　M₂＝設備導入後の1年間の人件費

　　n＝使用年数

　　S＝設備投資額

$T_1 > T_2$ であるから

　　$n \times M_1 > S + n \times M_2$

　　$n \times M_1 - n \times M_2 > S$

　　$n(M_1 - M_2) > S$

　　$M_1 - M_2 > S / n = \text{constant}$

この式に、いくらの設備投資をし、人間を何人減らしたら何年で採算が合うかを試算し、図7-31に示してみた。

図7-31　人件費差額と設備費分岐点

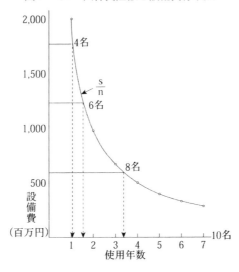

10名の作業者でパッケージ作業をしている場合、1,000万円の設備投資を
し、作業員を何人に減らせば何時償却できるかを計算してみると、10人から
6人に、さらに4人減らしたとすれば、人件費の年間削減額は4×300万円＝
1,200万円となるから、図7−31から、約1年半で設備償却が終わってしまう
ことになる。特に最近における人件費の高騰は、さらにこれに拍車がかかるこ
とになる。

# 7　ラックビル（立体自動倉庫）と段ボール包装の変化

　最近ラックビルの創設が増加してきたので、その創設に伴い段ボール包装に
どんな変化があるのか予想してみたい。

## 7.1　ラックビルとは
　ラックビルとは、ラック（棚）とビル（建築物）を一体化した立体自動倉庫の
ことで、大型の倉庫の場合にはほとんど無人化の状態で作動が可能であり、商
品の保管効率の向上とコストの低減ができる。
　その種類や規模には幾つかあるが、一般にパレットを使用するのが主体で商
品を一つの棚にパレット単位で保管することができるためパレット型自動倉庫
と呼ばれ、商品の入出庫から保管までの工程を自動化できるシステムなので、
倉庫内の作業を大幅に省人化することができる。

## 7.2　ラックビル創設に伴い予想される段ボール包装の変化
　ラックビルの創設に伴い、段ボール包装はどんな変化をするか想定すると、
次のことが考えられる。

段ボール包装の変化
━ 箱圧縮強さの安全係数の見直しによる一層の軽量化が可能
━ 印刷デザインの単純化 ━ バーコートのみになる可能性

## 7.2.1 箱圧縮強さの安全係数の見直し

ワンパレット単位で商品の取り扱いが行われるので、積み上げ段数が少なくなり箱圧縮強さの安全係数を下げられるため、著しい段ボールの軽量化が可能になりコストダウンができる。

## 7.2.2 印刷デザインの単純化

従来の段ボール印刷デザインは、主として内容商品の宣伝的要素を狙っていたと思われるが、最近ではトラックもボックスタイプが主体であり、さらにラックビルを使用すれば物流過程で段ボール印刷が人目に触れるという宣伝効果は乏しくなったと思われるので段ボール印刷のデザインは単純化し、近未来にはバーコード印刷のみで使用される可能性があることが予想される。

# あとがき

　本書「段ボール包装技術入門」が初版されたのは、1985年(昭和60年)3月1日と遠い昔のことになるが、出版に当たっては日報の故河村社長から私に再三の執筆の要請があったものの、当時はまだ現役であったのでお断りしてきた。

　故河村社長は、当時レンゴー㈱の加藤社長に熱心に出版の必要性を説き、許可を得て発刊することが決まったという経緯が思い出されるが、爾来多くの方々に愛読され今回、第8回目の出版を迎えることになったことは嬉しい限りである。

　初版以来の本書の形態の移り変わりを振り返ってみると、初版本は厚表紙で装丁されかつブックカバーに守れた立派な姿をしていたが、最近では簡単な装丁となり長い時の流れの変遷を感じる。

　それに比例して、本書の内容も新しいマシンの開発や素晴らしい技術の進歩により段ボール箱の作り方や包装の進歩の跡がしのばれる。

　本書に出筆した数々の実績の中から、記録に残る幾つかの実例を回想してみたい。

　コルゲータにおいては、化学的には澱粉接着剤の著しい改善であり、出発時には製糊技術が遅れていたので、アメリカのナショナルスターチ㈱からシッカフーズ氏を招き、澱粉糊の化学的な講義を全国数カ所で製糊係を中心に行い成果を上げた。

　その成果は、当時まだ眠っていたスリッタースコアラを稼働させるという足がかりを作り、生箱工程の前倒しをするという0201形箱の製造に大きな合理化を実現した。

　機械的にはフィンガーレスシングルフェーサの開発であり、そのメカニズムは生産性の向上と安定性ができ、段ボール品質を向上させるという快挙を成し遂げたといえる。

　また、段ボール印刷に使用されるインキの標準化の確立は業界に大きな恩恵

をもたらしただけではなく、近未来の社会的要請にも順応した技術的快挙といえる。

　包装の役割は、単に内容品を安全に守るという機能だけでなく、使用後の処置が問題視され今後ますます厳しさを要求されるに違いないと思われるが、段ボールの90％を超える高い回収率とリサイクルの実態は、包装材料として大きな武器になることは間違いない。

2024年12月

五十嵐 清一

## 無断掲載厳禁

### 著者略歴

| | |
|---|---|
| 大正15年 | 前橋市生まれ |
| 昭和15年 | 群馬県庁就職 |
| 昭和19年 | 文部省施行高等専門学校入学資格検定試験合格 |
| 昭和23年 | 桐生工業専門学校（現群馬大学）卒業 |
| | 花王油脂株式会社（現花王㈱）入社 |
| 昭和29年 | 大和紙器株式会社入社 |
| 昭和36年 | レンゴー㈱（当時、聯合紙器㈱）入社 |
| | 中央研究所所長、包装技術部長、中央研究所理事などを歴任 |
| 昭和43年 | 技術士（経営工学部門）試験に合格 |
| 昭和52年 | 第1回木下賞受賞 |
| 昭和59年 | 通商産業大臣賞受賞（工業標準化事業に貢献した功労による） |
| 昭和62年 | 藍綬褒章受章（工業標準化事業に貢献した功労による） |
| 平成 3年 | 五十嵐技術士事務所を開設 |

### 主な役職

大阪包装懇話会顧問
日本包装技術協会関西支部参与
技術士包装物流会特別理事
月刊「カートン＆ボックス」（日報ビジネス）編集委員

### 主な著書

| | | |
|---|---|---|
| 昭和35年 | 段ボールの技術（Ⅰ） | 共著（日報） |
| 昭和38年 | 段ボールの技術（Ⅱ） | 共著（日報） |
| 昭和38年 | 段ボールの基礎知識 | （日報） |
| 昭和40年 | 包装用語辞典 | （日報） |
| 昭和41年 | 段ボールの技術（Ⅲ） | 共著（日報） |
| 昭和46年 | 段ボール用語辞典（Ⅰ〜Ⅲ） | |
| | 包装用語辞典 | 共著（日刊工業新聞社） |
| 昭和57年 | 実用包装用語辞典 | 共著 |
| 昭和60年 | 段ボール包装技術入門（1〜5） | （日報） |
| 平成 8年 | 段ボール包装技術実務編 | （日報出版） |
| 平成10年 | 段ボール技術ハンドブック | （日報出版） |
| 平成12年 | 段ボール包装技術入門（6） | （日報出版） |
| 平成13年 | 輸送工業包装の技術 | 共著（フジテクノシステム） |
| 平成14年 | 新版 段ボール製造・包装技術 実務編 | （日報出版） |
| 平成19年 | 段ボール工場の品質管理 | （日報出版） |
| 平成20年 | 段ボール包装技術入門（7） | （日報出版） |
| 平成22年 | 段ボール包装技術 実務編（3） | （日報アイ・ビー） |
| 平成28年 | 段ボール箱圧縮強さの解析と実務 | （クリエイト日報 出版部） |
| 令和 2年 | JISを背景とした段ボール包装の変遷 | （クリエイト日報 出版部） |

## 第8改訂版 段ボール包装技術入門

2024年12月25日　第1刷発行
定価　本体4,000円＋税

著　者　五十嵐清一
発行者　河村勝志
発　行　株式会社クリエイト日報 出版部
編　集　日報ビジネス株式会社
　　　　東京　〒101-0061　東京都千代田区神田三崎町3-1-5
　　　　電話　03-3262-3465（代）
　　　　大阪　〒541-0054　大阪府大阪市中央区南本町1-5-11
　　　　電話　06-6262-2401（代）
印刷所　株式会社アート・ワタナベ

禁無断転載　落丁・乱丁本はお取り替えいたします。